E. Lugscheider; M. Boretius (Hrsg.):
Fügen von Hochleistungswerkstoffen

Fügen von Hochleistungswerkstoffen

Neue Techniken und Anwendungen

Herausgegeben von
Univ.-Prof. Dr. techn. Erich Lugscheider
und Dr.-Ing. Manfred Boretius

Autoren:
Broden, G.; Dietrich, V.; Feng, Z.; Krapitz, H.; Lugscheider, E.; Magin, M.; Maier, H. R.; Martinez, L.; Schittny, Th.; Thauer, A.; Tillmann, W.; Weise, W.

Die Deutsche Bibliothek — CIP-Einheitsaufnahme

Fügen von Hochleistungswerkstoffen : neue Techniken und Anwendungen / hrsg. von Erich Lugscheider und Manfred Boretius. [Autoren: Broden, G. . . .]. — Düsseldorf : VDI-Verl., 1993
ISBN 3-18-401255-7
NE: Lugscheider, Erich [Hrsg.]

© VDI-Verlag GmbH. Düsseldorf 1993

Alle Rechte, auch das des auszugsweisen Nachdruckes, der auszugsweisen oder vollständigen photomechanischen Wiedergabe (Photokopie, Mikrokopie) und das der Übersetzung, vorbehalten.

Printed in Germany

Druck und Buchbinderei: Weiss & Zimmer AG, Mönchengladbach

ISBN 3-18-401255-7

Vorwort

Hochleistungswerkstoffe sind heutzutage fester Bestandteil des technischen Alltags. Sie erweitern das Leistungsspektrum konventioneller Systeme, bieten die Voraussetzung für die Entwicklung neuer Bauteile und Verfahren, reduzieren den Verbrauch von Primär- und Sekundärstoffen und ermöglichen die Herstellung von Bauteilen, bei denen Ökonomie und Ökologie nicht länger ein Widerspruch sind.

Diese Hochleistungswerkstoffe, wie z.B. neue Leichtmetallegierungen und Ingenieurkeramiken, erfordern jedoch ein werkstofforientiertes "Denken" in der Konstruktion und der Fertigung. In diesem Zusammenhang ist die Kenntnis der werkstoffspezifischen Vor- und Nachteile von größter Bedeutung und somit die Kommunikation zwischen Werkstoffentwickler bzw. -hersteller und dem Anwender.

Wie in anderen Bereichen der Technik steigt die Innovationsgeschwindigkeit und somit der Informationsbedarf stetig an. Dies wird nicht zuletzt durch die zunehmende Anzahl werkstoffbezogener Konferenzen, Seminare und Fachzeitschriften belegt. Im Rahmen ihrer Möglichkeiten sind besonders die technischen Hochschulen, Universitäten und Fachhochschulen aufgefordert zum Informationsaustausch beizutragen.

In dieser Rolle sieht sich auch das Lehr- und Forschungsgebiet Werkstoffwissenschaften der Rheinisch-Westfälisch Technischen Hochschule Aachen (RWTH Aachen), das sich vor allem als Bindeglied zwischen der Werkstoffentwicklung und der Anwendung sieht.

Forschungs- und Entwicklungsschwerpunkte sind die Beschichtungstechnologien Thermisches Spritzen und Auftragschweißen, die löttechnischen Fügeverfahren, der Lasereinsatz in der Oberflächenveredelung, die Herstellung neuartiger Pulverwerkstoffe und die maßgeschneiderte Werkstoffentwicklung.

Neben der Mitarbeit in zahlreichen öffentlich geförderten Forschungsvorhaben mit nationalen und internationalen Kooperationspartnern und der direkten bilateralen Zusammenarbeit mit der Industrie im In- und Ausland erfolgt der Wissenstransfer durch das jährlich stattfindende "Werkstoffwissenschaftliche Kolloquium".

Referenten aus der Industrie und der Forschung berichten nicht nur über neuste Entwicklungen auf dem Werkstoffsektor sondern auch über erfolgreich realisierte und praktizierte Anwendungen.

Beginnend mit dem Kolloquium 1991 sollen die Fachbeiträge in der Reihe "Innovative Werkstofftechnik" zusammen mit dem VDI-Verlag veröffentlicht und so einem breiteren Publikum zugänglich gemacht werden.

Im vorliegenden ersten Band mit dem Titel "Fügen von Hochleistungswerkstoffen" sind die Beiträge des gleichnamigen werkstoffwissenschaftlichen Kolloquiums 1991 zusammengefaßt, soweit einer Veröffentlichung nichts im Wege stand. Ergänzt werden diese durch die Präsentation von Untersuchungen des Lehr- und Forschungsgebiets Werkstoffwissenschaften und des Instituts für keramische Komponenten im Maschinenbau (RWTH Aachen).

Vorgestellt werden die Fügetechniken Löten und Diffusionsschweißen sowie das Löten als Beschichtungsverfahren. Die behandelte Werkstoffpalette reicht von konventionellen Stählen über Sinterwerkstoffe bis hin zu Leichtmetallegierungen und den Ingenieurkeramiken.

Möglich wurde diese Vielfalt durch die selbstlose Bereitschaft der Referenten ihre Ergebnisse vorzutragen. An dieser Stelle sei Ihnen hierfür und für die Überlassung der Manuskripte gedankt. Sowohl die Referenten als auch die Herausgeber sind jedoch überzeugt, daß sich diese Mühe lohnt und in Zukunft sicherlich eine Wiederholung, wenn auch unter einem anderen Thema, erfahren wird.

Die Herausgeber:

Univ.-Prof. Dr. techn. E. Lugscheider   Aachen, Nov. 1992
Dr.-Ing. M. Boretius   Liechtenstein, Nov. 1992

Inhalt

H. Krappitz: 1
Auftraglöten - Neue Möglichkeiten des Verschleißschutzes

Z. Feng, E. Lugscheider, W. Tillmann: 12
Stoffschlüssiges Fügen von P/M-Werkstoffen

Th. Schittny, A. Thauer, E. Lugscheider: 19
Breitspaltlöten - Lösungsreaktionen und Legierungsbildung beim Hochtemperaturlöten mit nichtkapillarem Lötspalt

G. Broden: 39
Diffusionsschweißen von Aluminium- und Titanluftfahrtwerkstoffen

L. Martinez, E. Lugscheider: 53
Löten von Aluminium- und Titanlegierungen

V. Dietrich: 62
Keramik-Metall-Verbindungen für die Großserienfertigung

M. Magin, H.R. Maier: 76
FEM-Analyse von gelöteten Keramik-Metall-Verbindungen

W. Weise: 89
Aktivlöten von Hochleistungskeramik

W. Tillmann, E. Lugscheider: 109
Entwicklung von hochtemperaturbeständigen Aktivlötverbindungen aus Nichtoxidkeramik für den Motorenbau und die Energietechnik

Auftraglöten - Neue Möglichkeiten des Verschleißschutzes

H. Krappitz *

1 Einleitung

Löten ist in Anlehnung an die Definition der Norm DIN 8505 [1] ein thermisches Verfahren zum stoffschlüssigen Fügen und Beschichten von Werkstoffen. Bereits hier wird herausgestellt, daß es sich beim Löten durchaus auch um ein Beschichtungsverfahren handeln kann, was allgemein wenig bekannt ist. Eine Übersicht über die gebräuchlichen Lötverfahren gibt **Abb. 1**.

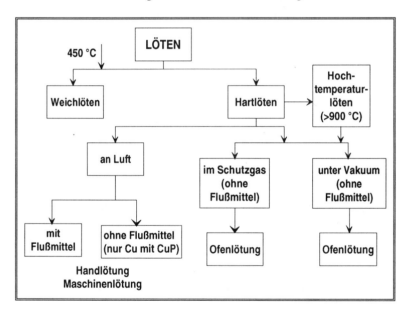

Abb. 1: Einteilung der Lötverfahren

---

* Degussa AG, Hanau

Vom Weichlöten wird dann gesprochen, wenn die Liquidustemperatur der Lote unterhalb 450°C liegt. Ist sie größer als 450°C, so kennzeichnet dies den Bereich des Hartlötens. Kommt als weitere Bedingung hinzu, daß die Liquidustemperatur der Lote oberhalb von 900°C liegt und die Lote flußmittelfrei unter Luftabschluß verarbeitet werden, so ist hierdurch der Bereich des Hochtemperaturlötens umrissen.

Im folgenden soll nur noch der Bereich des Hart- und Hochtemperaturlötens betrachtet werden. Die Lote, die in diesem Bereich eingesetzt werden, zählen überwiegend zu den Gruppen der Silberhartlote sowie der Kupferbasislote einschließlich der Messing- und Bronzelote. Für höhere Betriebstemperaturen werden Nickelbasislote und Edelmetallote auf Gold-, Palladium- oder Platinbasis eingesetzt.

Eine wichtige Voraussetzung für den ungestörten Ablauf eines Lötvorganges ist der unmittelbare metallische Kontakt zwischen flüssigem Lot und dem Grundwerkstoff. Oxidschichten, wie sie auf jeder technischen Metalloberfläche vorhanden sind, müssen deshalb zuvor sorgfältig entfernt werden. Dies wird erreicht durch die Verwendung von Flußmitteln, die die Oxidfilme auflösen oder durch Einsatz einer geeigneten Lötatmosphäre im Ofen, in dem die Oxide bei höheren Temperaturen zersetzt werden.

Nach dieser kurzen Einführung in löttechnische Grundlagen soll nun auf das Löten als Beschichtungsverfahren näher eingegangen werden.

2   Löten von Hartmetall

Hartmetalle werden aufgrund ihrer hohen Härte und Verschleißbeständigkeit dort eingesetzt, wo höchste Verschleißbeanspruchung auf ein Bauteil einwirkt. Als wichtigstes Verfahren zum Fügen von Hartmetall gegen Stahl hat sich das Hart- und Hochtemperaturlöten bewährt, weil hierdurch die Eigenschaften des Grundwerkstoffes nicht nachteilig beeinflußt werden.

Die Hartmetalle sind insgesamt schwer benetzbar und werden deshalb mit Spezialloten gelötet, die Mangan sowie Nickel oder Kobalt enthalten. Abhängig vom Kobaltgehalt des Hartmetalles können mit diesen Loten Scherfestigkeiten erreicht werden, die 300 MPa übersteigen.

Die Wärmedehnungskoeffizienten von Hartmetallen und Trägerstählen verhalten sich etwa wie 1 : 2. Dies bedeutet für gelötete Hartmetall-Stahl-Verbindungen, daß nach dem Erstarren des Lotes die unterschiedliche Schrumpfung der Fügepartner beim Abkühlen der Lötverbindung zu inneren Spannungen im Verbund führt. Hierdurch sind die zu beschichtenden Flächen in ihren maximalen Abmessungen begrenzt, da ansonsten Verzug im Bauteil oder Risse im Hartmetall aufgrund der auftretenden Spannungen entstehen können. Abhilfe bietet hierbei das Segmentieren der zu beschichtenden Fläche sowie der Einsatz sogenannter Schichtlote. Die Wirkungsweise dieser Schichtlote zum Spannungsabbau wird in **Abb. 2** beschrieben.

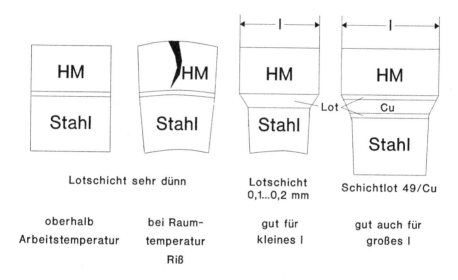

Abb. 2: Einfluß der Lotschichtdicke auf die Rißanfälligkeit von aufgelöteten Hartmetallplatten [2]

Durch plastische Verformung von Lot und eventuell einer zusätzlichen Zwischenschicht werden die thermischen Ausdehnungsunterschiede der beiden Werkstoffe kompensiert.

Neben den Eigenschaften des Lotes haben natürlich auch die Werkstoffdaten des Trägerstahls und des Hartmetalls erheblichen Einfluß auf die mechanische Belastbarkeit der Verbindung. Eine biegesteife Unterkonstruktion und eine hohe Streckgrenze des Stahls führen zu den günstigsten Festigkeitswerten. In der Praxis werden unlegierte oder niedriglegierte Werkzeugstähle mit

Kohlenstoffgehalten von 0,5 - 0,7 % und Zugfestigkeiten zwischen 700 und 1000 MPa eingesetzt.

Anwendungsschwerpunkte für den Einsatz von Hartmetallbeschichtungen finden sich in den Bereichen der Werkzeugindustrie, der Tiefbohrtechnik, des Bergbaus, der Holzgewinnung und -verarbeitung sowie in der Verarbeitung mineralischer Stoffe.

3 Löten von Keramik

Extreme Anforderungen an Härte und Verschleißbeständigkeit führten zum Einsatz keramischer Werkstoffe für diese Anwendungsfälle. Besondere Bedeutung im Verschleißschutz haben die Keramiktypen Aluminiumoxid, Zirkonoxid, Siliziumkarbid und Siliziumnitrid erlangt. Ein Anwendungsbeispiel aus dem Bereich des Motorenbaus ist das Auflöten eines keramischen Gleitstücks aus Siliziumnitrid auf die Lauffläche eines Kipphebels, um den Verschleiß von Nockenwelle und Kipphebel gering zu halten [3].

Für das Fügen von Keramik-Metall-Verbindungen stellt das Löten die dominierende Fügetechnik dar. Problematisch hierbei erscheint zunächst das unterschiedliche thermische Ausdehnungsverhalten von keramischen und metallischen Werkstoffen, wie dies bereits für Hartmetalle beschrieben wurde. Man hilft sich hier durch die Auswahl von speziellen Metallen mit angepaßtem thermischem Ausdehnungskoeffizienten sowie durch den Einsatz besonders duktiler Lote. Eine zweite Besonderheit beim Fügen von Keramik besteht in der äußerst schwierigen Benetzbarkeit dieser Werkstoffgruppe. Da es sich definitionsgemäß um nichtmetallische Werkstoffe handelt, kommt der für das Löten übliche Bindemechanismus nicht zum Tragen. Stattdessen werden Speziallote eingesetzt, die durch Legierungszusätze von Titan, Zirkon oder Hafnium in der Lage sind, mit der Keramik zu reagieren und durch Bildung überwiegend keramischer Phasen eine Benetzung zu erreichen. Die genannten Lote werden ausschließlich flußmittelfrei unter Schutzgas oder Vakuum verarbeitet.

Neben den bereits genannten keramischen Werkstoffen werden zum Verschleißschutz weiterhin sogenannte superharte Werkstoffe wie z.B. natürlicher Diamant, synthetischer Diamant oder kubisches Bornitrid eingesetzt. Auch diese Werkstoffe werden vorwiegend durch Löten aufgebracht. Anwendungsschwerpunkte hierfür sind Zerspanungswerkzeuge, Komponenten der

Tiefbohrtechnik, Trennscheiben für die Gesteinsbearbeitung sowie Verschleißflächen an Meßwerkzeugen und Linealen. Nähere Informationen hierüber sind [4] zu entnehmen.

Die Festigkeit gelöteter Keramik-Keramik- und Keramik-Metall-Verbindungen wird üblicherweise im Vier-Punkt-Biegeversuch geprüft. Hier können, abhängig von Werkstoffkombination, Bauteilgeometrie und Prozeßparametern, Festigkeitswerte erreicht werden, die oberhalb von 200 MPa liegen.

4 Auflöten von Hartstoffpartikeln

Während bisher das Auflöten verschleißbeständiger Werkstoffe in Form eines Plattierens besprochen wurde, soll im folgenden nun eine weitere Variante vorgestellt werden. Hierbei werden Partikel eines Hartstoffes durch Löten in eine metallische Matrix eingebettet und auf die Oberfläche von Werkstücken aufgebracht. Die Oberflächenstruktur ist bei diesem Verfahren in weiten Grenzen variabel und hängt u.a. von Kornform und Korngröße der Hartstoffpartikel ab. So kann z. B. bei Einsatz eines groben Wolframkarbid-Splits eine sehr rauhe Oberfläche erzeugt werden, die sich mit Material des schleißenden Gutes zusetzt. Hierdurch übernimmt das schleißende Medium selber einen Teil der Verschleißschutzfunktion der Schicht.

Eine Oberflächenstruktur aus grobkörnigen und scharfkantigen Hartstoffpartikeln wird auch für Abrasivwerkzeuge eingesetzt. **Abb. 3** zeigt als Anwendungsbeispiel einen Fräser, der zur Bearbeitung von Hartgummi eingesetzt wird.

Neben den metallischen Hartstoffen, die sich mit konventionellen Loten wie z.B. Silberhartloten oder Nickelbasisloten aufbringen lassen, können für ähnlich aufgebaute Schichten aus keramischen Hartstoffen wiederum spezielle Lote eingesetzt werden. Keramische Hartstoffkörnungen erreichen höchste Härtewerte und werden deshalb zum Bearbeiten besonders abrasiver Grundwerkstoffe eingesetzt. So wurden Schleifteller für einen Vibrationsschleifer mit Partikeln aus Siliziumkarbid belegt. Für die Bearbeitung von Beton werden Bohrkronen oder Fräser durch eine aufgelötete Diamantkörnung beschichtet. Das Trennen großer Felsblöcke erfolgt häufig mit Seilsägen. Hierbei werden diamantbeschichtete Stahlpellets zusammen mit federnden Abstandshaltern auf ein Stahlseil aufgefädelt, das in einer Bandsäge eingesetzt wird.

Neben der Felsbearbeitung werden solche Seilsägen auch zum exakten Trennen ganzer Gebäude eingesetzt.

Abb. 3: Hartmetallsplitt, aufgelötet auf einen Scheibenfräser

5 Brazecoat-Verfahren

Das Auflöten von Hartstoffkörnung in der bisher vorgestellten Weise erzeugt eine mehr oder minder rauhe Oberfläche, bei der das Lot die Funktion übernimmt, die Hartstoffpartikel einzubetten und mit dem Substrat zu verbinden. Mit abnehmender Korngröße der Hartstoffpartikel gelangt man in einen Bereich, in dem die aufgebrachte Schicht makroskopisch homogen aussieht. Man kann dann von einem Hartstoff-Hartlegierungsverbundwerkstoff sprechen. Dieser Verbundwerkstoff kann völlig andere Eigenschaften aufweisen als die Komponenten, aus denen er zusammengesetzt ist, und es besteht somit die Möglichkeit, die Schichteigenschaften in weiten Grenzen an den Anwendungsfall anzupassen. Diese Überlegung war Ausgangspunkt für die Entwicklung des sogenannten Brazecoat-Verfahrens. Hierbei werden kunststoffgebundene Lot- bzw. Hartstoffpulver in Form von Bändern eingesetzt [5].

Die Vernetzung mit dem Kunststoff führt zu flexiblen Bändern, die sowohl an gekrümmte Flächen angepaßt als auch durch einfache Schneidoperationen zu Formteilen weiterverarbeitet werden können. Die Verarbeitung erfolgt, indem das Hartstoffvlies in der erforderlichen Geometrie auf dem Substrat fixiert wird. Hierauf wird deckungsgleich ein Lotformteil angepaßter Stärke aufgebracht (**Abb. 4**).

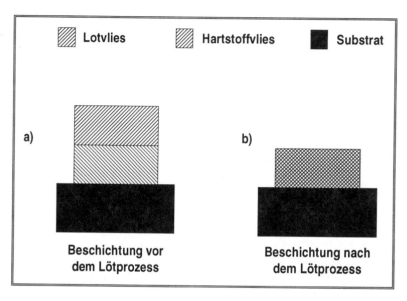

Abb. 4:   Brazecoat-Verfahren (schematisch)

Das Werkstück wird anschließend im Schutzgas- oder im Vakuumofen auf ca. 1100°C erwärmt. Zwischen 400 - 500°C entweicht der Kunststoff aus den eingesetzten Vliesen. Die zurückbleibende Hartstoffschicht übt aufgrund ihrer Porosität eine Kapillarwirkung auf das Lot aus, das zwischen 970 - 1000°C aufschmilzt und bei ca. 1100°C in den Hartstoff infiltriert. In der Folge entsteht ein fester Verbund, der zum Grundwerkstoff durch einen schmalen Auflegierungsbereich gekennzeichnet ist. Die entstehende Haftfestigkeit ist daher vergleichbar mit der von Hochtemperaturlötungen. Es werden Hartstoffanteile bis zu 70 Vol.-% erreicht.

Die technischen Daten der Beschichtung sind in **Tabelle 1** dargestellt. Für zwei Stähle sind die für die Beschichtung wichtigen Daten mitangegeben worden. Insbesondere der mittlere lineare thermische Ausdehnungskoeffizient ist im Hinblick auf mögliche Abkühlspannungen von Bedeutung. So zeigt der Verbund Cr_3C_2/L-Ni2 ein dem Baustahl sehr ähnliches Ausdehnungsverhalten, wodurch deutlich geringere Spannungen im Bauteil zu erwarten sind als bei einer geometrisch gleichen Beschichtung aus z.B. WC und L-Ni2.

Werkstoff-verbund	Makro-härte	Dichte	Biegebruch-festigkeit	Ausdehnungs-koeffizient
	[HV10 / HRA]	[g/cm^3]	[MPa]	[10^{-6}/K]
C60	-1)	7,8	-1)	11,1
X12CrNi18 8	-1)	7,0	-1)	16,0
Cr_3O_2 / L-Ni2	1150 / 87	6,9	410	11,4
WC / L-Ni2	1240 / 88	12,6	370	8,1

1) zustandsabhängig

Tab. 1: Mechanisch-technologische Eigenschaften von Brazecoat-Schichten [6]

Neben den mechanischen Kennwerten wurde das Verschleißverhalten mit Hilfe unterschiedlicher Verschleißversuche beschrieben. Beispielhaft sollen hier die Ergebnisse des Dreikörper-Abrasiv-Verschleißversuches nach dem Havorth-ZIS-Verfahren vorgestellt werden. Hierbei wird scharfkantiger gebrochener Quarzsand mit einer Korngröße zwischen 0,4 und 0,65 mm durch ein Reibrad aus Gummi gefördert und über die zu prüfende Fläche gezogen. Die Anpreßkraft des Gummirades auf der Probe betrug dabei 300 N, die Geschwindigkeit 4,5 m/sec. Nach einem Verschleißweg von 3000 m wurde die Probe ausgewertet. **Abb. 5** zeigt die Ergebnisse der Prüfung. Als Vergleichswerkstoffe wurden Proben aus St 37 sowie aus der Eisenhartlegierung FeCr28C5,5 unter gleichen Bedingungen geprüft. Es zeigte sich, daß unter den Prüfbedingungen der Verschleiß gegenüber der Eisenhartlegierung um den Faktor 9 reduziert werden konnte. Verglichen mit dem Werkstoff St 37 konnte der Verschleiß sogar um den Faktor 94 verringert werden [7].

Das Brazecoat-Verfahren bietet zahlreiche Einsatzmöglichkeiten in den Bereichen des adhäsiven und abrasiven Verschleißes, wo die vorgestellten Verbundschichten zusätzlich einen Korrosionsschutz darstellen können. Aus den zahlreichen Problemstellungen der Offshore-Technik sowie dem Maschinen-, Anlagen- und Automobilbau sei hier ein Beispiel vorgestellt. Die Beschichtung von Rohrkrümmern (**Abb. 6**) bildet eine interessante Aufgabe, da in diesem Bereich andere Beschichtungsverfahren nur mit Problemen angewandt werden können, der Verschleißschutz im Hinblick auf abrasiven Verschleiß jedoch von besonderer Bedeutung ist.

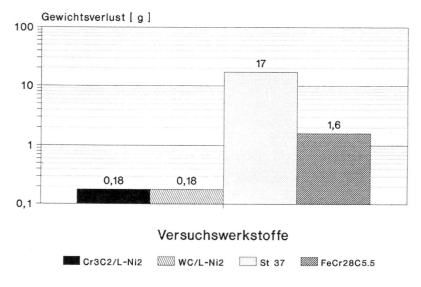

Abb. 5: Verschleißdaten zum Metall-Mineralverschleiß-Versuch [6]

Abb. 6: Innenbeschichtung von Rohrkrümmern und Rohrabschnitten mit WC/L-Ni2

Die spezifischen Vorteile des vorgestellten Brazecoat-Verfahrens sind:

- hohe Härte und Verschleißbeständigkeit der Schicht
- hoher Hartstoffanteil
- homogene Hartstoffverteilung
- einfache Herstellbarkeit von Formteilen aus dem Vormaterial
- Anpassung der Formteile an gekrümmte Oberflächen vor dem Lötprozeß
- Möglichkeit, endabmessungsnahe Schichten (konturgenau, scharfkantig) auf die Bauteile aufzubringen
- einfache Einstellung der Schichtstärke
- seriengeeignetes Verfahren.

Das vorgestellte Verfahren bietet eine Ergänzung zu den etablierten Beschichtungsverfahren und füllt aus Sicht des Verfassers die Lücke, die sich ergibt zwischen den thermischen Spritzverfahren einerseits und dem Auflöten von Hartmetallformkörpern andererseits. Die Anwendungsmöglichkeiten dieses neuen Verfahrens sind z. Zt. bei weitem noch nicht ausgeschöpft.

6 Zusammenfassung

Der Beitrag hat deutlich gemacht, daß neben den etablierten Beschichtungsverfahren wie etwa dem Auftragsschweißen, dem thermischen Spritzen oder den galvanischen und thermochemischen Verfahren das Beschichten durch Löten durchaus eine Alternative bei der Auswahl eines geeigneten Beschichtungsverfahrens bietet. Wenngleich in der Beschichtungstechnik weniger bekannt, so werden doch durch das Auftraglöten Lösungen spezieller Beschichtungsaufgaben geboten, die kaum durch ein anderes Beschichtungsverfahren erzielt werden können.

7 Literatur

[1] DIN 8505, Teil 1:
Löten; Allgemeines; Begriffe.
Beuth Verlag, Berlin

[2] Mahler, W. und K.-F. Zimmermann:
Löten von Hartmetallen.
Technik die verbindet, Heft 30, Degussa AG, Hanau, 1985

[3] Krappitz, H., K.H. Thiemann und W. Weise:
Herstellung und Betriebsverhalten gelöteter Keramik-Metall-Verbunde für den Ventiltrieb von Verbrennungskraftmaschinen.
DVS-Berichte, Band 125, DVS-Verlag Düsseldorf, 1989

[4] Kübler-Tesch, G.:
Polykristalliner Diamant für Verschleißanwendungen.
Diamant-Information M 43/ Verschleißtechnik,De Beers Industrie-Diamanten GmbH, Düsseldorf

[5] Krappitz, H., Mürrle, U. und J. Nauber:
Herstellung und Eigenschaften verschleißfester Schichten mit Hilfe kunststoffgebundener Hartstoff-/Lotformteile.
DVS-Berichte, Band 112, DVS-Verlag Düsseldorf, 1988

[6] Koschlig, M. und H. Krappitz:
Auftraglöten nach dem Brazecoat-Verfahren zum Verschleißschutz technischer Oberflächen.
Vortrag anläßlich des 9. Dortmunder Hochschulkolloquiums "Hart- und Hochtemperaturlöten", Dortmund, 6./7. Dezember 1990.

[7] Lugscheider, E., Drzeniek, H. und K. Granat:
Verschleißuntersuchungen an auftraggelöteten Schichten.
interner Bericht des Lehr- und Forschungsgebietes Werkstoffwissenschaften der RWTH Aachen, 1987

Stoffschlüssiges Fügen von P/M-Werkstoffen

Z. Feng [*], E. Lugscheider [*], W. Tillmann [*]

1 Einleitung

Die technische Anwendung von Sintermetallteilen hat in den vergangenen Jahren stetigen Zuwachs genommen. Nach statistischen Angaben [1] ist der Weltmarkt für P/M-Werkstoffe und Produkte im Jahr 1989 auf 5.000 - 6.000 Millionen US Dollar gewachsen. Im Jahr 2000 wird der Weltmarkt für P/M-Werkstoffe 15.000-18.000 Millionen US Dollar erreicht haben. Dies entspricht einer Wachstumsrate von 8-10% pro Jahr.

Die Pulvermetallurgie ermöglicht es, hochgenaue, einbaufertige Formteile von komplexer Geometrie in großen Stückzahlen kostengünstig herzustellen.

Aber gewisse Beschränkungen in Form und Größe dieser Teile sind durch die Preßtechnik und die Preßkräfte gegeben. So ist es schwierig, Werkstücke mit Hinterschneidungen oder Querschnittsflächen von mehr als 200 cm^2 mit konventioneller Technik herzustellen [2].

Die Anwendung einer geeigneten Fügetechnik bietet die Möglichkeit, diese Grenzen zu überschreiten, indem komplizierte Bauteile mit Hilfe von Fügeverfahren aus zwei oder mehreren einfacheren Einzelteilen zusammengesetzt werden. Dadurch besitzt der Konstrukteur mehr Freiheit beim Entwurf eines Bauteiles und kann auch verschiedene Werkstoffe kombinieren, z.B. Sintermetalle mit erschmolzenen Metallen, Sintermetalle hoher Raumerfüllung mit Sintermetallen niedriger Raumerfüllung oder Sintermetalle mit unterschiedlicher stofflicher Zusammensetzung.

Das stoffschlüssige Fügen sintertechnisch hergestellter Bauteile ist grundsätzlich sowohl durch Kleben und Schweißen als auch durch Löten möglich. Kleb- und Schweißverfahren weisen gravierende Nachteile aus fügetechnischer Sicht auf, wie geringe thermische Belastbarkeit oder nicht bzw. nur bedingte Schmelzschweißbarkeit. Aufgrund der bedingten Schweißbarkeit sind nur

---

[*] Lehr- und Forschungsgebiet Werkstoffwissenschaften, RWTH Aachen

spezielle Schweißverfahren, wie Laser-, Reib- und Preßschweißen von Bedeutung. Daneben besteht die Möglichkeit den Fügeprozeß in den Sinterprozeß zu integrieren, also im Grünzustand zu fügen. Jedoch soll dies in den nachfolgenden Betrachtungen außer Acht gelassen werden.

Lötverfahren bieten demgegenüber eine breite Lot- und Verfahrenspalette und so deutlich mehr fügetechnische Möglichkeiten.

Bis zu einer Porosität von ca. 8% gelten Sinterstahlteile noch weitgehend als "dicht". Ein Hartlöten mit den üblichen Standardloten, Flußmitteln und Lötverfahren ist daher ohne größere Schwierigkeiten möglich [3].

Probleme treten jedoch beim Löten von porösen Sinterteilen auf, die eine Porosität von mehr als 10% haben. Das schmelzflüssige Lot infiltriert den Grundwerkstoff aufgrund seiner offenen Porosität und steht somit nicht mehr für die Verbindungsausbildung zur Verfügung.

Im **Abb. 1** ist ein Beispiel für dieses grundlegende Problem des löttechnischen Fügens von porösem Sinterstahl mit konventionellen Loten dargestellt. Das Lot BCu87MnCo980-1030 hat den Sinterstahl (Dichte = 6,5g/cm^3, Porosität = 15%) komplett infiltriert, so daß das Lotangebot in der Fügezone nicht mehr ausreicht, um den Lötspalt zu füllen und eine Verbindung herzustellen.

Abb. 1: Sinterstahl (Porosität = 15%)-St37-Lötverbindung, gelötet mit BCu87MnCo980-1030, Lötbedingung: 1020°C/10min im Vakuum

2 Lösungsansätze auf der Basis von Lötverfahren

Soll ein Sinterteil mit einer hohen offenen Porösität gelötet werden, sind entweder eine spezielle Vorbehandlung der Fügeflächen des Sinterkörpers, spezielle Lötverfahren oder spezielle Lote nötig. In **Abb. 2** sind mögliche Lösungswege zur Verhinderung der Lotinfiltration dargestellt.

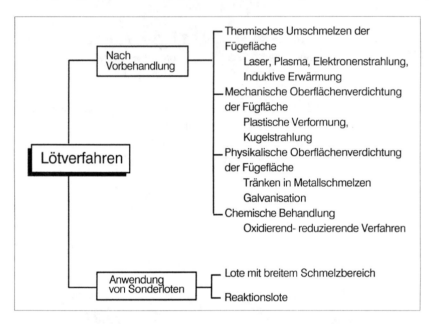

Abb. 2: Lösungsansätze zur Verhinderung einer Lotinfiltration in den fertiggesinterten Sintermetallkörper

Thermische Oberflächenvorbehandlung

Durch energieintensive Verfahren, wie Laser-Behandlung, Plasma-, Elektronenstrahl-, oder induktive Erwärmung, kann an der Oberfläche des porösen Sintermetalls eine dünne thermisch umgeschmolzene bzw. verdichtete Schicht erzeugt werden. Dadurch wird ein Löten mit konventionellen Verfahren und Loten ermöglicht. Nachteilig wirken sich die hohen Kosten der Laser-, Plasma- oder Elektronenstrahlverfahren aus. Vorbehandlungsverfahren, die sich induktiver Erwärmung bedienen, sind hinsichtlich der Form des Sinterteiles und der Energiedichte begrenzt.

Mechanische Oberflächenverdichtung

Beim Kugelstrahlen trifft das metallische Strahlmittel mit hoher Energie auf die Oberfläche der Sinterteile und verschließt so die offenen Poren. Die Sinterteile mit einer so hergestellten Oberfläche weisen aufgrund einer vergleichbaren Porosität zu konventionellen Metallen eine ähnlich gute Lötbarkeit auf. Auch mittels konventionellem Sandstrahlen kann eine dichte Oberfläche erzeugt werden. Jedoch können Verunreinigungen, hervorgerufen durch auf der Oberfläche zurückgebliebene Sandkörnern, die mechanischen Eigenschaften der Lötung verschlechtern.

Tränken und Beschichtung

Ist das poröse Sintermetallteil mit geschmolzenen Metall vollständig infiltriert, stellt das Löten mit konventionellen Verfahren keine Schwierigkeit mehr dar. Die Form, die Größe und die Eigenschaften des Sinterteiles werden aber durch das Tränken geändert. Eine Oberflächenvorbereitung kann auch durch physikalische und chemische Beschichtungsverfahren wie z.B. PVD oder Galvanisierung realisiert werden.

Oxidierende und reduzierende Verfahren

Ein besonders einfaches und flexibles Verfahren stellt die chemische Oberflächenbehandlung in oxidierend-reduzierender Atmosphäre dar. Zuerst werden alle Oberflächen der Sinterteile einschließlich der inneren Oberflächen der offenen Poren in einer oxidierenden Atmosphäre oxidiert. Dann werden die zu lötenden Oberflächen, aber nicht die inneren Oberflächen der Poren, durch eine reduzierende Atmosphäre reduziert. Auf diese Weise entsteht eine vom Lot benetzbare Fügefläche bei einem gleichzeitigen Aufbau von nicht benetzbaren, oxidierten inneren Oberflächen in den Poren des Sinterteils. Durch die oxidierte Porenoberfläche wird die Lotinfitration wirkungsvoll verhindert. Die Wasserdampfvorbehandlung und das Autoschutzgasverfahren gehören zu diesen chemischen Verfahren [4].

Spezielle Lote mit einem breiten Schmelzbereich

Ein Lot, das einen breiten Schmelzbereich hat, fließt beim Löten schlecht. Das ist ein prinzipieller Nachteil für das herkömmliche Löten. Beim Löten poröser Sintermetalle ist es jedoch als vorteilhaft anzusehen. Diese Eigenschaft läßt das Lot beim Löten in größere Lötspalte fließen, aber nicht in die kleineren offenen Poren. Die Fließeigenschaft des Lotes ist dabei abhängig von der Löttemperatur. Wird eine zu hohe Löttemperatur gewählt, kann es dazu kommen, daß das Lot auch in die Poren fließt. Umgekehrt kann eine zu niedrige Löttemperatur dazu führen, daß das Lot den Lötspalt nicht ausreichend füllt. Die Löttemperatur und die Breite des Lötspaltes bestimmen somit die Qualität der Lötverbindung bei Anwendung von Loten mit breitem Schmelzbereich.

Reaktionslote

Reaktionslote sind Lote, die mit den Grundwerkstoffen beim Löten metallurgisch reagieren können. Bei Einstellung einer geeigneten Reaktion entsteht eine neue flüssige Phase aus Lot und Grundwerkstoff, die über isotherme Erstarrungsvorgänge zur Verstopfung der fügeflächennahen Poren führt und so einer Lotinfiltration äußerst wirkungsvoll entgegenwirkt. Die Lote auf Cu-Basis dotiert mit Si und B sind solche Reaktionslote zum Fügen poröser Sinterstähle. In **Abb. 3** ist eine Lötverbindung zwischen Sinterstahl und Baustahl mit einem Cu-Si-B-Reaktionslot dargestellt. Es ist kaum eine Lotinfiltration vorhanden. An der Grenzfläche ist deutlich eine Reaktionszone zu erkennen. Die mechanischen Eigenschaften von Lötungen mit diesen Reaktionsloten sind in **Abb. 4** wiedergegeben.

Außer den Reaktionsloten auf Cu-Basis wurden noch spezielle Ni-Basis und Zr-Basislote für Sinterstähle untersucht.

St 37

Lötnaht

Sinterstahl

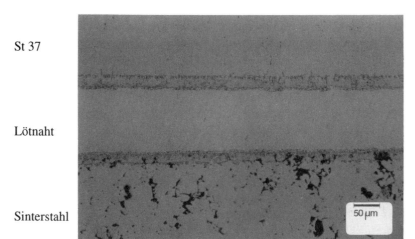

Abb. 3: Sinterstahl (Porosität = 15%)-St37-Lötverbindung
gelötet mit Cu-Si-B; Lötbedingung: 1000°C/5min im Vakuum

Scherfestigkeit
Lötung von Sinterstahl(Porösität=15%)
und St37 mit Reaktionsloten

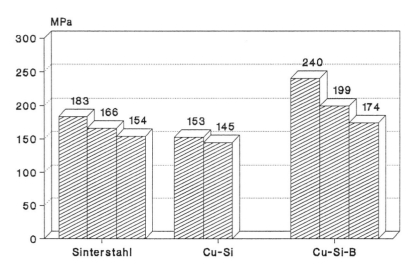

Abb. 4: Mechanische Eigenschaften der Lötung von Sinterstahl und St37
mit Reaktionslote im Vergleich zur Grundwerkstoffestigkeit

3 Grundsätzliche Betrachtung zum Löten von fertiggesinterten porösen Sintermetallen

Wird ein geeignetes Reaktionslot oder ein geeignetes Lot mit einem breiten Schmelzbereich gefunden, bei dem keine massive Lotinfiltration in den porösen Grundwerkstoff auftritt, so ist dies als eine ideale Lösung für das Löten von porösen Sintermetallen anzusehen. Mit solchen Loten können die Sinterteile ebenso gelötet werden wie konventionelle Metalle. Es ist keine spezielle Vorbehandlung oder ein spezielles Lötverfahren notwendig.

Bedingt durch die hohe Porosität der Sinterwerkstoffe und der damit verbundenen Kapillarwirkung scheidet eine Flußmittelanwendung von vornherein aus, da es an der Fügefläche in nicht ausreichender Weise wirksam werden kann. Außerdem ist es sehr schwer, die i.d.r. korrosiven Flußmittelrückstände nach dem Löten zu entfernen.

Aus Sicht einer möglichst geringen Lotinfiltration ist eine Schutzgasatmosphäre günstiger als Vakuum, da der Gasdruck in den Mikroporen unter Schutzgas höher ist als unter Vakuum. In Poren vorhandenes Gas stellt ein Hindernis für die Lotinfiltration dar.

Lötprozesse in inerter Atmosphäre umgehen diese Nachteile bei gleichzeitiger Verbesserung des Lötergebnisses.

4 Literatur

[1] Gorham Advanced Materials Institute:
 Global Powder Metallurgy Study.
 Powder metallurgy international. Vol. 22 (1990) no.2, 55
[2] Reiter W. und B. V. Wartenberg:
 Herstellen von komplexen Formteilen aus Sinterstahl durch Fügen von zwei oder mehreren Formteilen.
 BMFT-FB 03K0317 0
[3] Hupmann W.J. und K. Dalal:
 Metallographic Atlas of Powder Metallurgy.
[4] Leuze G.und R. Mayer:
 Hartlöten - Verfahren und Anwendung II/Hartlöten von porösen Sinterstählen und Stahl.
 DVS-Band 69 (1981), 33-36

Breitspaltlöten

Lösungsreaktionen und Legierungsbildung beim Hochtemperaturlöten mit nichtkapillarem Lötspalt

Th. Schittny *, A. Thauer **, E. Lugscheider **

1 Einleitung

Hochtemperaturlötverbindungen mit Nickelbasisloten zeichnen sich bei Wahl der richtigen Lötparameter durch hohe Festigkeiten [1,2] und bei geeigneter Werkstoffpaarung durch eine große Zähigkeit aus [1]. Beide Eigenschaften werden während des Lötprozesses durch metallurgische Reaktionen zwischen schmelzflüssigem Lot und dem festen Werkstoff der Fügepartner bewirkt. Diese Lösungs- und Legierungsreaktionen laufen bei 70 - 90 % der Solidustemperatur (T_S) des Grundwerkstoffes ab (d.h. zwischen ca. 900°C und T_S des Grundwerkstoffes). Die beim Hochtemperaturlöten im allgemeinen eingesetzten Nickelbasislegierungen weisen zum Verringern der Schmelztemperatur und zur Verbesserung des Fließverhaltens einen relativ hohen Anteil der Metalloide Bor, Silizium und gegebenenfalls Phosphor auf [1]. Da dieser Anteil bei der Mehrzahl der Lote oberhalb der Löslichkeitsgrenze des Nickel-(Chrom-) Mischkristalls liegt, sind Lotlegierungen auf Nickelbasis im Gußzustand in der Regel spröde. Während des Hochtemperaturlötprozesses wird der Metalloidanteil durch die oben genannten Lösungs- und Legierungsreaktionen in der Lötnaht herabgesetzt. Bei siliziumhaltigen Legierungen kann dies bis unter die Löslichkeitsgrenze für das Silizium im Mischkristall geschehen, so daß eine duktile, feste und zähe Legierung in der Lötnaht entsteht. Neben den Prozeßparametern Löttemperatur und Haltezeit wird das Ausmaß der Reaktionen durch das Verhältnis von der Reaktionsfläche Lot-Grundwerkstoff zum Volumen der Lötnaht bestimmt. Bei gleichbleibender Fügefläche begünstigt ein kleines Lötnahtvolumen das Ausmaß der Reaktionen zwischen Lot und Grundwerkstoff. Dies kann bei konventionellen Lötprozessen mit kapillarem Lötspalt durch Verringerung der Spaltbreite geschehen. Es kommen deshalb beim Hochtemperaturlöten mit Nickelbasis-

---

* Robert Bosch GmbH, Stuttgart
** Lehr- und Forschungsgebiet Werkstoffwissenschaften, RWTH Aachen

loten in der Regel kleine Lötspaltbreiten zwischen 20 µm und 100 µm zum Einsatz [1,5]. Die Größe der Fügepartner und die Möglichkeit, Toleranzen an der Fügestelle auszugleichen, ist durch diese schmalen Lötspalte eingeschränkt.

2 Breitspaltlötprozeß

Eine zweite Möglichkeit, das Verhältnis von Reaktionsfläche und Lötnahtvolumen zu Gunsten der Reaktionsfläche zu verschieben, besteht darin, einen geeigneten Zusatzwerkstoff mit einer großen Grenzfläche zum Lot in die Lötnaht zu bringen, welcher während des Lötprozesses nicht aufschmilzt, sondern wie der Grundwerkstoff der Fügepartner über Lösungs- und Legierungsreaktionen mit dem schmelzflüssigen Lot reagiert. Dieser Weg wird beim Breitspaltlöten beschritten [6,7]. Hierzu wird in die Lötnaht neben dem Lot ein weiterer Werkstoff, das Additiv, gebracht, welcher bis auf die oben genannten Metalloide eine ähnliche Legierungszusammensetzung hat wie der Lotwerkstoff [8,9,10]. Lot- und Additivwerkstoff werden entweder in Form eines zuvor durch heiß-isostatisches Pressen (HIP) gefertigten Lötformteils gemeinsam in den Lötspalt gebracht (**Abb. 1a u. 7a**) oder der Additivwerkstoff wird als Metallfaservlies allein in den Lötspalt gelegt, dort durch einen auf die Lötnaht aufgeprägten Stauchdruck komprimiert und während des Lötprozesses mit dem in einem Lötdepot angebrachten Lot getränkt (**Abb. 1b**). Es können mit diesem Verfahren Lötnahtbreiten bis zu einem Millimeter realisiert werden. Die vor oder während des Lötprozesses verformten Lötformteile ermöglichen es, beim Fügen von großen Bauteilen Fertigungstoleranzen und Ausrichtungsfehler der Fügepartner auszugleichen [11,12].

Im folgenden soll auf die metallurgischen Reaktionen zwischen schmelzflüssigem Lot und dem festen Werkstoff der Fügepartner näher eingegangen werden und die Bedeutung dieser Reaktionen für das Breitspaltlöten aufgezeigt werden.

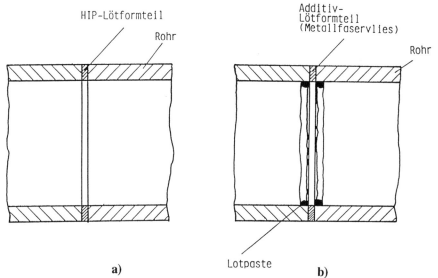

Abb. 1: Anbringen des HIP-Lötformteils (a) bzw. des Lötformteils aus Metallfaservlies und der Lotpaste (b), schematisch am Beispiel von Rohrlötungen.

2.1 Metallurgische Reaktionen zwischen schmelzflüssigem Lot und festem Grundwerkstoff

Die für das Hochtemperaturlöten charakteristischen Reaktionen zwischen schmelzflüssigem Lot und festem Grundwerkstoff, gemeinhin als Erosion und Diffusion bekannt [13,14], lassen sich als Lösungs- und Legierungsreaktionen an der Phasengrenze fest-flüssig sowie als Diffusion im Grundwerkstoff beschreiben [15]. Die Festkörperdiffusion im Grundwerkstoff spielt bei borfreien Loten eine untergeordnete Rolle und hat bei borhaltigen Loten einen entscheidenden Einfluß auf das Gefüge von Lötnaht und benachbartem Grundwerkstoff [1,2]. Den im folgenden beschriebenen Lösungs- und Legierungsreaktionen des Hochtemperaturlötprozesses geht die Benetzung der Fügeflächen mit schmelzflüssigem Lot voraus. Eine Beschreibung der Mechanismen und experimentellen Untersuchungen zum Benetzen finden sich bei Delannay et. al. [16] sowie Lugscheider und Iversen [17]. Schmelzen und Lösen eines Metalls in einer Schmelze haben in der Verhüttung von Metallen und dem Wiederaufschmelzen von Schrott eine zentrale Bedeutung [18]. Die dort vorgefundenen Verhältnisse lassen sich auf die metallurgischen

Reaktionen beim Hochtemperaturlöten übertragen. Das Schmelzen und Lösen eines Metalls in einer Schmelze wird durch Wärme- und Stoffaustausch zwischen Festkörper und Schmelze sowie durch die Diffusion der gelösten Atome des Festkörpers in der Schmelze bestimmt. Die Begriffsbestimmungen von "Schmelzen" und "Lösen" leiten sich aus den Einflüssen her, die Wärme- und Stoffaustausch auf die Prozeßgeschwindigkeit haben (**Tab. 1**).

Begriff	Wärmetönung	Einfluß des	
		Wärmetransports	Stofftransports
Schmelzen	endotherm	überwiegend	
Schmelzen und Lösen	endotherm	vergleichbar	
Lösen		(alle anderen Fälle)	

Tab. 1: Begriffsbestimmung von "Schmelzen" und "Lösen" beim Phasenübergang fest-flüssig eines Metalls in einer Schmelze (nach [18]).

Bei kapillaren Lötnähten bewirken die Lösungs- und Legierungsreaktionen ein als Erosion bezeichnetes Aufweiten der Lötnaht während des Lötprozesses. Hierbei löst das schmelzflüssige Lot an der Phasengrenze Material vom Festkörper (Grundwerkstoff bzw. Additivwerkstoff) ab, welches in die Schmelze hineindiffundiert und dort mit dem Lotwerkstoff eine neue Legierung mit einer gegenüber der Lotlegierung geänderten Zusammensetzung bildet. Diese Reaktionen sowie ihre Kinetik und ihr Einfluß auf das Gefüge der fertig gelöteten Naht sollen anhand der Lotlegierung Ni 19Cr 10Si (L-Ni5) und dem damit verwandten Additiv- bzw. Grundwerkstoff Ni 20Cr (Werkstoff-Nr. 2.4869) untersucht und erläutert werden. **Abb. 2** zeigt das Gefüge einer mit diesen zwei Legierungen gefertigten Lötnaht. Das schmelzflüssige Lot hat die Lötnaht während des Lötprozesses von 100 µm auf 145 µm aufgeweitet. Es sind also an jeder Fügefläche etwas mehr als 20 µm des Grundwerkstoffes (Ni 20Cr) vom Lot gelöst worden.

Anders als beim Schmelzen und Lösen eines zunächst kalten Metalls in einem Schmelzbad (z.B. Zugabe von Schrott bei der Stahlherstellung) hat beim Löten der Festkörper (Grundwerkstoff und Additiv beim Breitspaltlöten) annähernd die gleiche Temperatur wie das schmelzflüssige Lot. Bei den hier diskutierten endothermen Reaktionen an der Phasengrenze fest-flüssig ist also der Stofftransport die prozeßbestimmende Größe, so daß man vom Lösen der festen Phase im schmelzflüssigen Lot spricht.

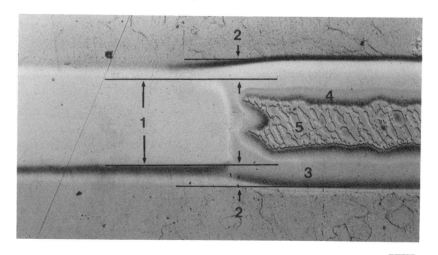

50 µm

Abb. 2: Gefüge einer Lötnaht mit kapillarem Lötspalt; Grundwerkstoff: Ni 20Cr (Legierung des Additivs); Lot: Ni 19Cr 10Si (L-Ni 5); Lötparameter: 1190 °C, 6 min, Vakuumofenlöten;

1. Distanzfolie, 100 µm, stellt die Lötspaltbreite ein;
2. Lösungsweg;
3. NiCrSi-Mischkristall;
4. Saum mit erhöhtem Siliziumanteil;
5. zuletzt erstarrtes eutektisches Gefüge, bestehend aus dem NiCrSi-Mischkristall, Ni_3Si und Ni_5Si_2.

Während dieses Prozesses wird der Siliziumgehalt der schmelzflüssigen Phase abgesenkt, und die Liquidustemperatur der Schmelze ändert sich gemäß dem in **Abb. 3** gezeigten Gehaltsschnitt aus dem ternären Phasendiagramm des Legierungssystems NiCrSi. Die gegenüber der Diffusion von Lotlegierungsbestandteilen in den Festkörper schnellen Reaktionen "Lösen von festem Grundwerkstoff an der Phasengrenze fest-flüssig" und "Legierungsbildung in der flüssigen Phase" schreiten so weit fort, bis die Liquidustemperatur der gerade entstehenden Legierung die Löttemperatur erreicht. Die Legierung ist nun gesättigt - oder wegen konstitutioneller Unterkühlung übersättigt. Beim Lösen der NiCr-Legierung in der NiCrSi-Schmelze bedeutet das, daß die minimal mögliche Siliziumkonzentration in der Schmelze bei gegebener Temperatur erreicht ist. Die Schmelze beginnt an diesem Punkt an der Phasengrenze fest-flüssig durch Keimbildung und Keimwachstum zu erstarren.

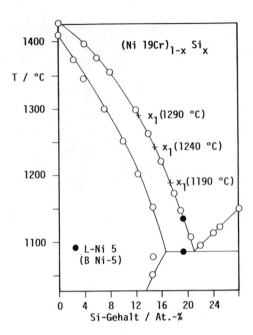

Abb. 3: Liquidus- [19,25] und Solidustemperaturen [20] von NiCrSi-Legierungen mit einem Chromgehalt von 19 Gew. %; die Liquiduslinie gibt gleichzeitig die Gleichgewichtskonzentration der Schmelze $x_1(T_L)$ an der Phasengrenzfläche fest-flüssig an.

Mit dem Beginn von Keimbildung und Keimwachstum kommen die bisher prozeßbestimmenden Lösungs- und Legierungsreaktionen zum Stillstand, und die Diffusion der Metalloide des Lotes in den Grundwerkstoff (bzw. das Additiv der Breitspaltlötnaht) hinein wird zur den Prozeß kontrollierenden metallurgischen Reaktion. Anders als bei der Erstarrung einer Schmelze durch Temperaturabsenkung stellt sich hier kein Gleichgewichtszustand zwischen Festkörper und Schmelze ein (wie Sakamoto et.al. postulieren [15]), denn es existiert beim Erstarren des Lotes ein nicht angelöster Festkörper (Grundwerkstoff bzw. Additiv), der im allgemeinen eine andere chemische Zusammensetzung als der Keim hat und damit weder mit dem Keim noch mit der Schmelze im thermodynamischen Gleichgewicht steht. In dem hier betrachteten Fall hat der Grundwerkstoff der Fügepartner eine geringere Siliziumkonzentration als Keim und Schmelze (vergl. **Abb.** 2 u. 4) in der Lötnaht. Dieses Konzentrationsgefälle ist die treibende Kraft für die auch von Sakamoto et.al. postulierte Festkörperdiffusion [20] (vergl. auch Lugscheider et.al [19]), die im Anschluß an die Lösungs- und Legierungsreaktionen eine isotherme Erstarrung der Schmelze in der Lötnaht bewirkt. Die isotherme Erstarrung erfolgt nun so lange, bis die gesamte Schmelze in der Lötnaht aufgebraucht ist oder die Temperatur der Schmelze am Ende des Lötzyklusses abgesenkt wird und der Rest der Schmelze im Falle des hier betrachteten Legierungssystems NiCrSi in einer eutektischen Reaktion erstarrt (Pos. 5 in Abb. 2). Bedingt durch die im Vergleich zu den metallurgischen Reaktionen des Lösens und Legierens sehr viel größere Zeitkonstante der die isotherme Erstarrung bestimmenden Festkörperdiffusion, betragen die hierfür notwendigen Lötzeiten in der Regel zwischen 1 und 2 Stunden [21]. Im folgenden Abschnitt soll die für das Breitspaltlöten viel bedeutendere Kinetik der Reaktionen an der Phasengrenze und in der schmelzflüssigen Phase des Lotes betrachtet werden.

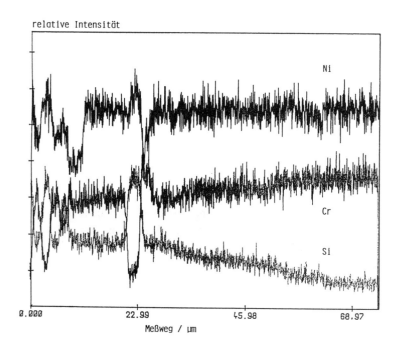

Abb. 4: Line-Scan-Messung in einer Lötnaht (ähnlich Abb. 2), die Unterschiede in der Si-Konzentration zwischen NiCrSi- und NiCr-Mischkristall (Grundwerkstoff) ließen sich mit EDX-Messungen nachweisen, liegen aber unterhalb der Auflösung dieser Messung.

2.2 Kinetik der Lösungs- und Legierungsreaktionen des Hochtemperaturlötprozesses

Die Kinetik der im vorangegangenen Kapitel beschriebenen Lösungs- und Legierungsreaktionen bestimmt die Lötparameter, die zur Erzielung einer homogenen Struktur der Lötnaht und den geforderten mechanischen Eigenschaften der Verbindung notwendig sind. Im folgenden wird das Ausmaß der Erosion des Grundwerkstoffes bzw. Additivs im schmelzflüssigen Lot mit Hilfe eines Modells für die Lösungsgeschwindigkeit abgeschätzt und mit Daten verglichen, die an Lötproben mit kapillarem Lötspalt gewonnen wurden. Die wichtigsten Einflußfaktoren für die Legierungsbildung beim Hochtemperaturlöten mit Nickelbasisloten lassen sich so beschreiben.

Im allgemeinen Fall des Schmelzens und/oder Lösens eines Festkörpers in einer Schmelze gibt es wie oben erwähnt zwischen Festkörper und Schmelze sowohl einen Wärme- als auch einen Stoffaustausch. Nimmt man ein stationäres Schmelzen und Lösen des Festkörpers in der Schmelze an, kann man mit Friedrichs [18] die lineare Lösungsgeschwindigkeit des Festkörpers durch eine Doppelgleichung beschreiben (Gl. 1), die auf der Wärme- und Stoffbilanz an der Phasengrenze fest-flüssig beruht.

$$-v = \frac{\alpha}{c_{pl} \cdot \rho_A} \cdot \ln \frac{H_L - H_A}{H_1 - H_A} = \beta \cdot \frac{\rho_1}{\rho_A} \cdot \ln \frac{x_L - x_A}{x_1 - x_A} \qquad (1)$$

Der Phasengrenze werden dabei die spezifischen Wärmemengen und Komponentenmassen $H_p = H_1 - H_A$, $x_p = x_1 - x_A$ und der wandernden Randschicht die entsprechenden Wärmemengen und Komponentenmassen $H_\delta = H_L - H_1$, $x_\delta = x_L - x_1$ zugeführt bzw. entzogen (**Abb. 5**). Diesen thermodynamischen Größen stehen die Widerstände des Wärme- und Stoffübergangs als kinetische Faktoren gegenüber. Es sind die Widerstände des Wärme- und Stoffübergangs durch die Diffusionsrandschicht (im folgenden Randschicht bezeichnet) auf der flüssigen Seite des Phasenübergangs (w_α, w_β) und die Widerstände w_λ und w_D für Wärmeleitung und Diffusion im Festkörper auf der festen Seite des Phasenübergangs. Diese kinetischen Größen werden im wesentlichen durch die Wärme- und Stoffübergangskoeffizienten (α, β) in Gleichung (1) beschrieben. Die thermodynamischen Faktoren werden durch die dort notierten Komponentenmassen (Stoffgehalte) und spezifischen Enthalpien von flüssiger und fester Phase sowie die vom Phasendiagramm definierten Größen

$x_1(T_L)$ und $x_A(T_L)$ sowie $H_1(T_L)$ und $H_A(T_L)$ berechnet (vergl. Abb. 3 und 5).

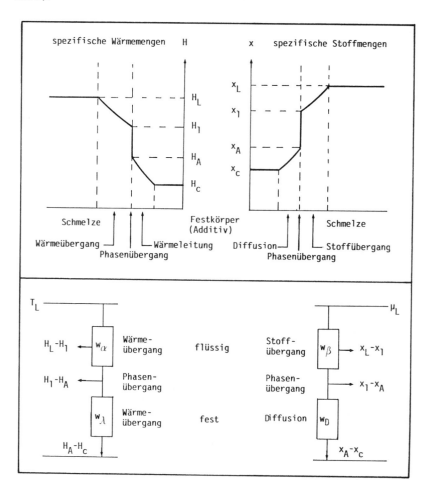

Abb. 5: Thermodynamische und kinetische Einflußgrößen des Lösens und Schmelzens (nach [23]).

Da der in Lösung gehende Festkörper und das schmelzflüssige Lot beim Löten annähernd die gleiche Temperatur aufweisen, haben die Enthalpiewerte der sich lösenden Schicht H_A und der Randschicht auf der flüssigen Seite der Phasengrenze annähernd den gleichen Wert. Mit Friedrichs läßt sich nun zeigen, daß die Lösungsgeschwindigkeit v in diesem Fall hauptsächlich vom

Stoffübergang an der Phasengrenze und der Diffusion in der Schmelze bestimmt wird und durch den rechten Teil von Gleichung (1) beschrieben werden kann. Anders als in Gleichung (1) vorausgesetzt, ist der Badgehalt des schmelzflüssigen Lotes nicht konstant, sondern nähert sich in einer Sättigungsfunktion (Gl. (2)) dem vom Phasendiagramm vorgegebenen Grenzwert, so daß Gleichung (1) zu Gleichung (3) umgeschrieben werden kann [22].

$$x_L(t) = (x_L(0) - x_1) \cdot e^{-t/T} + x_1 \qquad (2)$$

$$-v(t) = \beta \frac{\rho_i}{\rho_A} \ln(1 + \frac{x_L - x_1}{x_1 - x_A} e^{-t/T}) \qquad (3)$$

$$d_e = T \cdot \beta \frac{\rho_i}{\rho_A} [(\frac{x_L - x_1}{x_1 - x_A}) \cdot (1 - e^{-t_L/T}) - 0{,}25 \, (\frac{x_L - x_1}{x_1 - x_A})^2 \cdot (1 - e^{-2t_L/T})] \qquad (4)$$

Durch Reihenentwicklung des Logarithmus und Integration von Gleichung (3) über die Lötzeit erhält man den experimentell überprüfbaren Lösungsweg d_e (Gl. (4)). Er ist eine Funktion der Lötzeit. Der Parameter ($x_L - x_1/x_1 - x_A$) ist über die aus dem Gehaltsschnitt (s. Abb. 3) entnommenen Solidus- und Liquiduskonzentrationen $x_A(T_L)$ und $x_1(T_L)$ direkt von der Löttemperatur T_L abhängig. Der Stoffübergangskoeffizient β ist eine Materialkonstante der Paarung Lot - Festkörper, die ebenfalls eine Abhängigkeit von der Löttemperatur aufweist (s.u.). Die Zeitkonstante T beschreibt das Sättigungsverhalten der Reaktion und ist sowohl von dem Verhältnis von Lotvolumen zu Phasengrenzfläche als auch von der Temperatur abhängig (vergl. **Abb. 6**).

Zur experimentellen Überprüfung dieser Beziehung wurden Lötversuche an Proben mit kapillarem Lötspalt bei drei verschiedenen Löttemperaturen und mehreren Haltezeiten durchgeführt und metallographisch ausgewertet (Abb. 2 und 6) /22,23/. Die gemessenen Lösungswege wurden mit der in Gleichung (4) angegebenen Beziehung approximiert. Die aus der Kurvenanpassung gewonnenen Koeffizienten sind in **Tabelle 2** wiedergegeben.

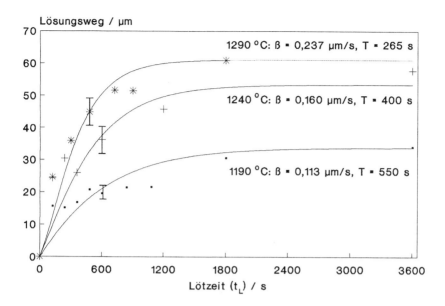

Abb. 6: Lösungsweg (Erosion) beim Hochtemperaturlöten von Ni 20Cr mit Ni 19Cr 10Si bei verschiedenen Löttemperaturen. Die gemessenen Lösungswege wurden mit Gleichung (4) approximiert.

Löt-temperatur	Stoff-übergangs-koeffizient	Zeit-konstante	Si-Stoffgehalt		
T [°C]	β [µm s^{-1}]	T [s]	X_L [at.-%]	$X_1(T_L)$ [at.-%]	$X_A(T_L)$ [at.-%]
1290	0,237	265	20	12,5	8,0
1240	0,160	400	20	14,9	10,6
1190	0,113	550	20	17,4	13,2

Tab. 2: Koeffizienten aus Gleichung (4) für die Berechnung des Lösungsweges bei Hochtemperaturlötungen von Ni 20Cr mit Ni 19Cr 10Si (berechnet mit $\rho_1/\rho_A = 1$).

Die experimentell ermittelten Werte des Lösungsweges zeigen für kurze Lötzeiten eine größere Abweichung von den mit Gleichung (4) berechneten Kurven. Hier geht ein "experimenteller" Fehler in die Meßwerte ein. Der Beginn der Haltezeit (Lötzeit) wurde bei den Experimenten auf den Zeitpunkt festgelegt, bei dem die nominale Löttemperatur erreicht war. Diese Temperatur wurde bei den im Vakuumofen realisierbaren Aufheizraten von 50 bis 100 °C/min. ca. zwei Minuten nach dem ersten Aufschmelzen des Lotes erreicht, weshalb die metallurgischen Reaktionen zwischen Lot und Festkörper schon vor Beginn der eigentlichen Lötzeit einsetzten. Es wird deshalb ein zu großer Lösungsweg gemessen, der vor allem bei den kurzen Lötzeiten einen größeren relativen Fehler verursacht. Zur Anpassung der gerechneten Kurven an die Meßwerte wurden deshalb die Werte für Lötzeiten von 120 s und 240 s nicht herangezogen. Der durchschnittliche Fehler dieser Approximation wurde als Mittelwert des Quadrats der Abweichung von den berechneten Lösungswegen und den gemessenen Werten berechnet [22]. Unter Auslassung der Ergebnisse für die Lötzeiten von 120 s und 240 s hat diese Standardabweichung Werte zwischen 1,34 µm und 1,75 µm und liegt damit innerhalb der als Fehlerbalken in Abb. 6 eingezeichneten Ungenauigkeit der Lötnahtauswertung. Der durch die Lösungs- und Legierungsreaktionen des Hochtemperaturlötprozesses verursachte Erosionsweg läßt sich also mit der in Sättigungsfunktion gut beschreiben. Der Stoffübergangskoeffizient β erweist sich dabei als temperaturabhängig. Diese Abhängigkeit wird auf eine größere Fehlstellenkonzentration des Festkörpers bei höheren Temperaturen und damit eine schnellere Diffusion der Reaktionspartner im Festkörper an der Phasengrenze zurückgeführt. Die Diffusion in der Schmelze ist bei höheren Löttemperaturen ebenfalls beschleunigt.

Die von der Löttemperatur abhängigen Stoffgehalte $x_1(T_L)$ und $x_A(T_L)$ haben über den Faktor $(x_L - x_1/x_1 - x_A)$ ebenfalls einen Einfluß auf das Lösungsverhalten und die Gefügeausbildung in der Lötnaht. Die Temperaturabhängigkeit des Stoffübergangskoeffizienten als auch die der Stoffgehalte hat zur Folge, daß die Erhöhung der Löttemperatur um beispielsweise 50 °C eine Vergrößerung des Lösungsweges um 30 % bis 100 % bewirkt (vergl. Abb. 6). Demgegenüber bewirkt die Verdoppelung der Lötzeit von 10 Minuten auf 20 Minuten nur einen um 20 % bis 40 % vergrößerten Lösungsweg. Diese Effekte sind bei Lötungen mit kapillarem Lötspalt bekannt (vergl. [1,5,15]), für das Breitspaltlötverfahren haben sie wegen der großen Phasengrenzfläche zwischen Lot und Festkörper eine noch größere Bedeutung [22].

Die gute Anpassung der theoretischen Kurve an die gemessenen Lösungswege zeigt, daß die durch Gleichung (4) beschriebenen Reaktionen zwischen schmelzflüssigem Lot und Festkörper sowie die Diffusion in der schmelzflüssigen Phase die prozeßbestimmenden Reaktionen für das Hochtemperaturlöten mit Nickel-Chrom-Silizium-Loten sind. Durch Annahme eines Sättigungsverhaltens lassen sich die experimentell ermittelten Lösungswege besser beschreiben als dies bei Zugrundelegung eines parabolischen Fortschreitens der Phasengrenze der Fall ist [24]. Zu diesem parabolischen Zeitgesetz kommt man, wenn man annimmt, daß die Lösungsreaktion nur von der Diffusion in einer Randschicht der Schmelze abhängt [25]. Implizit schließt dies die Annahme eines sehr großen Schmelzbadvolumens ein, dessen Legierungszusammensetzung sich während der Reaktion nicht ändert. Dies ist beim Lösen und Schmelzen eines kleinen Festkörpers in einem großen Schmelzbad der Fall [25,26,18], beschreibt aber nicht die Verhältnisse beim Hochtemperaturlöten mit endlichem Lötnahtvolumen. Die Festkörperdiffusion von Metalloiden des Lotes (hier Si) hat wegen der im Vergleich zur Diffusion in der Schmelze wesentlich geringeren Geschwindigkeit $\{D_S$ (Si in Ni bei 1000 °C) = $6,7 \times 10^{-11}$ cm^2/s, D_L(Ni, Cr in Ni-Schmelze) = 10^{-6} cm^2/s bis zu 10^{-4} cm^2/s [27,28]} keinen Einfluß auf das Gefüge der Lötnaht. Die Änderungen der Siliziumkonzentration in der nicht aufgeschmolzenen Legierung des Grundwerkstoffes lag innerhalb der Meßgenauigkeit der SEM-Messungen (vergl. Abb. 2 u. 4). Die hier diskutierten Reaktionen zwischen schmelzflüssigem Lot und festem Grundwerkstoff beziehen sich auf die Nickelbasislegierungen Ni 19Cr 10Si und Ni 20Cr. Thauer beobachtete bei Untersuchungen am Lötsystem Ni 19Cr 10Si - Stahl St52 ebenfalls das von einer Sättigung gekennzeichnete Lösungsverhalten [23]. Die ermittelten Lösungswege erreichten aber nur etwa 75% der hier gezeigten Werte. Dies ist in erster Linie auf den geänderten Stoffübergangskoeffizienten β zurückzuführen. Die metallurgischen Reaktionen zwischen Hochtemperaturlot und dem Grundwerkstoff der Fügepartner hängen also in hohem Maße von der jeweiligen Werkstoffpaarung ab. Dies ist für die im folgenden behandelten Breitspaltlötnähte von entscheidender Bedeutung.

2.3 Legierungsbildung bei Breitspaltlötnähten

Die bisher für Lötnähte mit kapillarem Lötspalt beschriebenen Reaktionen zwischen schmelzflüssigem Lot und festem Grundwerkstoff gelten in gleicher Weise für die mit Hilfe von Lot und nicht aufschmelzendem Additivwerkstoff hergestellten Breitspaltlötnähte. Die Grenzfläche zwischen Lot und Additivwerkstoff ist hier bis zu 30 mal größer als bei einem entsprechenden kapillaren Lötspalt (vergl. Abb. 2 und 7a). Bezogen auf das Lötnahtvolumen einer

50 µm breiten Lötnaht ist sie zwei bis drei mal so groß [22]. Das erste Verhältnis bestimmt die Prozeßgeschwindigkeit zu Beginn der Reaktion, während die zweite Beziehung etwas über das Sättigungsverhalten von Lösen und Legierungsbildung in der Lötnaht aussagt. Beide Unterschiede führen bei Löttemperaturen, die 50 - 70 °C oberhalb der sonst üblichen Löttemperaturen liegen, und vergleichsweise sehr kurzen Lötzeiten (Induktionslöten: 60 s [22], Vakuumofenlöten: 10 min. [29]) zu homogenen und hochfesten Legierungen in der Lötnaht, die frei sind von spröden intermetallischen Phasen (**Abb. 7b**).

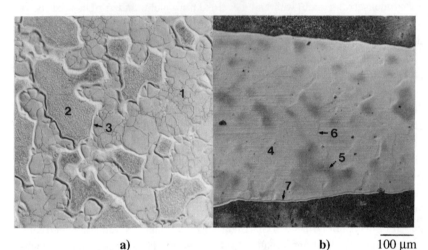

a)   b)   100 µm

Abb. 7: a) Gefüge eines heiß-isostatisch gepreßten Formteils (Breitspaltlötnaht vor dem Löten); Lot: L-Ni5, 25 Gew.-%, Additiv: Ni 20Cr, 75 Gew.-%;
HIP-Parameter: 1020 °C, 10 Min., 140 MPa;

b) Gefüge einer induktiv gelöteten Breitspaltlötnaht,
Prozeßparameter: 1250 °C, 60 s,
Stauchdruck auf die Lötnaht: 8,5 MPa;

1) NiCr-Mischkristall (Additiv);
2) Lotlegierung (Ni 19Cr 10Si, eutektisch erstarrt);
3) Primäre Korngrenze, wird beim Löten die Phasengrenze fest-flüssig;
4) NiCrSi-Mischkristall mit höherem Siliziumanteil,
Mikrohärte: 250 ± 30 HV 0,05;
5) NiCrSi-Mischkristall mit niedrigerem Siliziumanteil,
Mikrohärte: wie Pos. 4;
6) Korngrenze des austenitischen Gefüges;
7) Reaktionszone von Lot und Grundwerkstoff.

Wie oben beschrieben, wird das Gefüge der fertig gelöteten Naht nicht nur von den Lötprozeßparametern beeinflußt, sondern auch von der Werkstoffpaarung von Lot und Additiv bzw. Grundwerkstoff. Der Einfluß des Werkstoffes ist bei Breitspaltlötnähten wegen des größeren Gewichts der Grenzflächenreaktion "Lösen des Festkörpers im schmelzflüssigen Lot" stärker als bei Nähten mit kapillarem Lötspalt. Es konnte gezeigt werden, daß sowohl die Modifikation des Lotes als auch des Additivs einen entscheidenden Einfluß auf das Gefüge der Breitspaltlötnaht hat [22,29]. Wegen der sehr geringen Löslichkeit von Bor im NiCr- bzw. NiCrFe-Mischkristall werden bei Verwendung von boridischen Loten wie dem NiCrFeSiB-haltigen Lot L-Ni 2 auch bei optimierten Lötparametern Nickel- und Chromboride in der Lötnaht und/oder dem benachbarten Grundwerkstoff stabilisiert. Bei Breitspaltlötnähten sind diese Ausscheidungen je nach Lötparameterwahl und Legierung des Additivwerkstoffes als isolierte Inseln oder zusammenhängendes Netz in der Lötnaht verteilt (**Abb. 8a**).

Hier und auch bei dem silizidischen Lot L-Ni 5 hat die Legierungszusammensetzung des Additivs darüber hinaus einen meßbaren Einfluß auf das Lötnahtgefüge. Wird statt der Legierung Ni 20Cr beispielsweise die Legierung Ni 15Cr 8Fe (Inconel 600) als Additivwerkstoff verwendet, läßt sich die Stabilisierung von silizidischen Ausscheidungen trotz der relativ großen Löslichkeit des Siliziums im NiCrFe-Mischkristall nicht vermeiden (**Abb. 8b**). Die mit dem Breitspaltlötverfahren erreichbaren Festigkeiten spiegeln den Aufbau des Lötnahtgefüges wider. Bei Lötnähten der Werkstoffkombination L-Ni 5 / Ni 20Cr werden Werte oberhalb von 580 MPa erreicht (Induktionslöten mit HIP-Lötformteilen). Bei allen anderen Werkstoffkombinationen werden je nach Anteil und Morphologie der silizidischen bzw. boridischen Ausscheidungen Werte von bis zu 400 MPa (netzförmig angeordnet) oder 530 MPa (Anordnung als isolierte Inseln) erreicht [22].

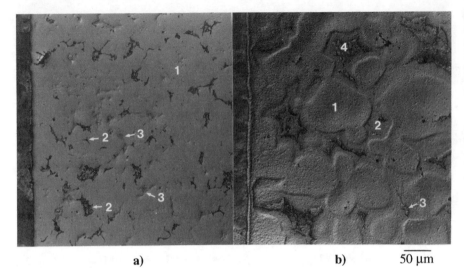

                      a)   b) $\overline{50\ \mu m}$

Abb. 8: Gefüge von im Vakuumofen gefertigten Breitspaltlötnähten:
a) Lot: L-Ni 2, Additivformteil: Sinterteil (Ni 20Cr)
Lötprozeßparameter: 1090 °C, 10 min.;
1) beim Löten gebildeter NiCrSi-Mischkristall;
2) intermetallische Ausscheidung (Cr_3B), z.T. als eutektisches Gefüge mit dem Mischkristall ausgebildet;
3) intermetallische Ausscheidung (Ni_3B), z.T. als eutektisches Gefüge mit dem Mischkristall ausgebildet;

b) Lot: L-Ni 5, Additivformteil: Sinterteil (IN 600),
Lötprozeßparameter: 1175 °C, 10 min.;
1) NiCrFe-Mischkristall (Additiv IN 600);
2) beim Löten gebildeter NiCrFeSi-Mischkristall;
3) intermetallische Ausscheidung (Ni_3Si);
4) eutektisches Gefüge (NiCrFeSi-Mischkristall + Ni_3Si).

3 Zusammenfassung

Mit den hier vorgestellten Untersuchungen zur Legierungsbildung und Gefügeausbildung an kapillaren und Breitspaltlötnähten konnte gezeigt werden, daß die metallurgischen Reaktionen zwischen schmelzflüssigem Lot und angrenzendem Festkörper von Lösungsreaktionen an der Phasengrenze fest-flüssig sowie Legierungsreaktionen im schmelzflüssigen Lot kontrolliert werden.

Wegen des begrenzten Lotvolumens in der Lötnaht sind die Reaktionen durch ein ausgeprägtes Sättigungsverhalten gekennzeichnet. Bei Verwendung von silizidischen Loten hat die Diffusion von Legierungsbestandteilen des Lotes (Silizium) in den Festkörper hinein eine untergeordnete Bedeutung. Das in der fertig gelöteten Naht stabilisierte Gefüge kann deshalb bei dem Lot L-Ni 5 durch Optimierung der Löttemperatur weit wirkungsvoller beeinflußt werden als durch Wahl einer geänderten Lötzeit. Dies gilt insbesondere für Breitspaltlötnähte, bei denen gegenüber kapillaren Lötnähten das Verhältnis von der Phasengrenze fest-flüssig zum Volumen der Lötnaht 3 bis 5 mal so groß ist wie beim kapillaren Lötspalt. Die Paarung der Werkstoffe für Lot und Grundwerkstoff bzw. Additiv beeinflußt darüber hinaus die Stabilisierung der Phasen in der fertig gelöteten Naht. So kann Bor wegen seiner äußerst geringen Löslichkeit im NiCrFe-Mischkristall weder im Additiv, noch im Grundwerkstoff, noch in der Lotlegierung gelöst werden und stabilisiert spröde, die Festigkeit der Lötverbindung beeinträchtigende intermetallische Phasen. Die Legierungszusammensetzung des Grund- bzw. Additivwerkstoffes beeinflußt desweiteren die Löslichkeit der Metalloide des Lotes sowohl im Mischkristall des nicht aufgeschmolzenen Festkörpers als auch in dem des neu gebildeten Festkörpers der Lötnaht. Der von dem Lot L-Ni 5 abgeleitete Additivwerkstoff Ni 20Cr weist für die Lote L-Ni 5 und L-Ni 2 die besten Lösungs- und Legierungseigenschaften auf. Bei Verwendung der NiCrFe-Legierung Inconel 600 sowie des Stahls St52 als Lösungs- und Legierungspartner erhöhte sich bei beiden Loten der Anteil unerwünschter intermetallischer Auscheidungen in der Lötnaht.

Die hier beschriebenen Arbeiten wurden in Zusammenarbeit und mit Förderung der Forschungs- und Entwicklungsabteilung von Statoil, Den norske stats oljeselskap a.s, Trondheim, und im Rahmen der vom Bundesminister für Wirtschaft über die Arbeitsgemeinschaft industrieller Forschungsgemeinschaften geförderten industriellen Gemeinschaftsforschung mit Unterstützung des Deutschen Verbandes für Schweißtechnik durchgeführt. Für beide Förderungen sei gedankt.

4 Anhang: Verwendete Symbole

c_{pl}	Nm/gK	spezifische Wärmekapazität in der Randschicht
d_e	µm	Lösungsweg
D_S, D_L	cm²/s	Diffusionskonstante im Festkörper, in der Schmelze
H_A, H_L, H_l	Nm/g	spez. Wärmemenge (Enthalpie) des Festkörpers an der festen Seite der Phasengrenze (Solidus), des schmelzflüssigen Lotes, auf der flüssigen Seite der Phasengrenze

t	s	Zeit
t_L	s	Lötzeit
T	s	Zeitkonstante (s. Gl. 3 und 4)
T_L, T_l	°C	Temperatur der Schmelze (Löttemperatur), auf der flüssigen Seite der Phasengrenze (Liquidustemperatur)
v	µm/s	Lösungsgeschwindigkeit
w_α, w_λ	K/W	Widerstand des Wärmeübergangs, des Wärmetransports im Festkörper
w_β, w_D	s/µm^3	Widerstand des Stoffübergangs, des Stofftransports im Festkörper
x_A, x_L, x_l		Stoffgehalt (spez, Komponentenmasse) des Metalloids in Additiv (feste Seite der Phasengrenze, Soliduskonzentration), schmelzflüssigem Lot, auf der flüssigen Seite der Phasengrenze (Liquiduskonzentration), im Festkörper (Gleichgewichtswert = nominale Konz.)
α	W/(cm^{2}K)	Wärmeübegangskoeffizient
β	µm/s	Stoffübergangskoeffizient
ρ_A, ρ_l	g/cm^3	Dichte des Festkörpers, der Schmelze

5 Literatur

[1] Lugscheider, E. und K.-H. Partz:
Charakterisierung der Lötnahtgüte und Festigkeit von Hochtemperaturlötverbindungen in Abhängigkeit dominanter Lötparameter.
DVS-Berichte Bd. 69, 1981, S. 100 - 106.

[2] Lugscheider, E., Partz, K.-D. and R. Lison:
Thermal and Metallurgical Influences on AISI 316 and Inconel 625 by High Temperature Brazing with Nickel Base Filler Metals.
Welding Journal 61, 1982 (10), pp. 329-s - 333-s.

[3] Lugscheider, E. and H. Krappitz:
The Influence of Brazing Conditions on the Impact Strength of High-Temperature Brazed Joints.
Welding Journal 65, 1986 (10), pp. 261-s - 267-s.

[4] Lugscheider, E.:
Hochtemperaturlöten, Stand und Entwicklungstendenzen - Lote.
Schweißen und Schneiden 32, 1980 (5) S. 171 - 175.

[5] Johnson, R., Baron, M. and A.C.F. Williams:
Tetig Diagrams Help Optimize Brazed Joints.
Welding and Metal Fabrication, 1980 (10), pp. 553 - 558.

[6] Lugscheider, E. and Th. Schittny:
Wide Gap Brazing of Stainless and Carbon Steel.
Brazing & Soldering Vol. 14, Spring 1988, pp. 27 - 29.

[7] Lugscheider, E., Schittny, Th. and E. Halmoy:
Metallurgical Aspects of Additive-Aided Wide-Clearance Brazing with Nickel-Base Filler Metals.
Welding Journal 68, 1989 (1), pp. 9-s - 13-s.

[8] Jahnke, B. and J. Demny:
Microstructural Investigations of a Nickel-Based Repair Coating Processed by Liquid Phase Diffusion Sintering.
Thin Solid Films Vol. 110, 1983, pp. 225 - 235.

[9] Chasteen, J.W. and G.E. Metzger:
Brazing of Hastelloy X with Wide Clearance Butt Joints.
Welding Journal 58, 1979 (4), pp. 111-s - 117-s.

[10] Lugscheider, E., Dietrich, V. and J. Mittendorff:
Wide Joint Clearance Brazing with Nickel-Base Filler Metals.
Welding Journal 67, 1988 (2), pp. 47-s - 51-s.

[11] Lugscheider, E., Schittny, Th. and E. Halmoy:
Wide Gap Brazing of Pipeline Systems.
Pipeline Conference Oostende-Belgium, Proceedings Vol. A, 1990, pp. 8.21 - 8.28.

[12] Lugscheider, E. and Th. Schittny:
Produktion of High Strength and Tough Joints by Wide Gap Brazing.
Welding-90, Conference Proceedings, Geesthacht 1990, pp. 21 - 29.

[13] Peaslee, R. L.:
Diffusion Brazing.
Welding Journal 55, 1976 (8), pp. 695 - 696.

[14] Lugscheider, E. und Th. Cosack:
Erosionsverhalten von Nickelbasisloten beim Hochtemperaturlöten.
Schweißen und Schneiden 41, 1989 (7), S. 342 - 345.

[15] Sakamoto, A., Fujiwara, C., Hattori, T. and S. Sakai:
Optimizing Processing Variables in High-Temperature Brazing with Nickel-Based Filler Metals.
Welding Journal 68, 1989 (3), pp. 63 - 71.

[16] Delannay, F., Froyen, L. and A. Deruyttere:
The Wetting of Molten Metals and its Relation to the Preparation of Metal-Matrix Composites.
Journal of Material Science 22, 1987 pp. 1 - 16.

[17] Lugscheider, E. and K. Iversen:
Investigation on the Capillary Flow of Brazing Filler Metal B Ni-5.
Welding Journal 56, 1977 (10), pp.

[18] Friedrichs, H. A.:
Schmelzen und Lösen.
Stahleisen-Sonderberichte Heft 12.1, Verlag Stahleisen, Düsseldorf 1984

[19] Lugscheider, E., Knotek, O. and K. Klöhn:
Development of Nickel-Chromium-Silicon Base Filler Metals.
Welding Journal 57, 1978 (10), pp. 319-s - 232-s.
[20] Lugscheider, E., Knotek, O. und K.Klöhn:
Entwicklung von Ein- und Zweikomponenten-Hochtemperatur-Lotwerkstoffen auf Nickel-Chrom-Silizium-Basis.
Abschlußbericht Forschungsvorhaben AIF Nr. 3584, Aachen, 1979.
[21] Hermanek, F.J. and M.J. Stern:
Turbine Component Restoration by Activated Diffusion Brazing.
Bericht der Alloy Metals Inc., Michigan (USA), 1983.
[22] Schittny, Th.:
Untersuchungen zum Hochtemperaturlöten mit nichtkapillarem Lötspalt.
Fortschr.-Ber. VDI Reihe 5 Nr. 206, Düsseldorf 1990.
[23] Thauer, A.:
Untersuchungen zur Legierungsbildung in der Lötnaht bei Breitspaltlötungen mit Kompositlotwerkstoffen.
Diplomarbeit, Lehr- und Forschungsgebiet Werkstoffwissenschaften, RWTH Aachen, 1990.
[24] Nakagawa, H., Lee, C.H. and T.H. North:
Modelling of Base Metal Dissolution Behavior During TLP-Brazing.
Paper submitted to Metall. Trans., 1989 (private communication)
[25] Lommel, J.M. and B. Chalmers:
The Isothermal Transfer from Solid to Liquid in Metal Systems.
Transactions of the Metallurgical Society of AIME 215, 1959 (6), pp. 499 - 508.
[26] Olsson, R.G., Koump, V. and T.F. Perzak:
Rate of Dissolution of Carbon Steel in Molten Iron-Carbon Alloys.
Transactions of the Metallurgical Society of AIME 233, 1965 (9), pp. 1654-1657.
[27] Volk, K. E.:
Nickel und Nickellegierungen.
Springer Verlag, Berlin Heidelberg New York 1970.
[28] Brice, J. C.:
Crystal Growth Processes.
Blackie & Son Ltd., Glasgow and London, 1986.
[29] Lugscheider, E. und Th. Schittny:
Untersuchungen zum Breitspaltlöten mit dem Hochtemperaturlötverfahren unter Verwendung von Nickelbasisloten.
Abschlußbericht zum Forschungsvorhaben AIF Nr. 7327, Lehr- und Forschungsgebiet Werkstoffwissenschaften, 1990.

Diffusionsschweißen von Aluminium- und Titanluftfahrtwerkstoffen

G. Broden[*]

1 Einleitung

Wesentliche Zielsetzungen für die Entwicklung neuer Strukturtechnologien im Flugzeugbau sind die Reduzierung des Strukturgewichtes und der Herstellkosten durch den Einsatz integraler Bauweisen. Für den Aufbau metallischer Strukturen hat das Diffusionsschweißen in Kombination mit der superplastischen Umformung (Superplastic Forming/Diffusion Bonding = SPF/DB-Technik) eine besondere Bedeutung erlangt.

Die SPF/DB-Technik ermöglicht die Herstellung komplexer, gewichtsgünstiger integraler Blechstrukturen unter weitgehender Reduzierung der Einzelteile und damit einhergehender Verringerung der Montagekosten. Das Diffusionsschweißen in Kombination mit der superplastischen Umformung ist infolgedessen Gegenstand umfangreicher Entwicklungsarbeiten.

Während der Entwicklungsstand des Diffusionsschweißens von Aluminium noch nicht die Herstellung größerer SPF/DB-Strukturen ermöglicht, findet das SPF/DB-Verfahren mit Titanwerkstoffen zunehmend Eingang in die Serienfertigung. Der nachfolgende Beitrag gibt einen Überblick über den Stand des Diffusionsschweißens mit Aluminium- und Titan-Luftfahrtlegierungen.

2 Diffusionsschweißen im Flugzeugzellenbau

Die wichtigsten Entwicklungsziele für neue Strukturtechnologien sind die Senkung des Strukturgewichtes zur Steigerung der Transportleistung und eine Reduzierung der Kosten sowohl bei der Herstellung als auch im Betrieb. Im Flugzeugbau werden diese Ziele durch den Einsatz neuer Werkstoffe, Fertigungsverfahren und Bauweisen verfolgt.

---

[*] Dornier Luftfahrt GmbH, Friedrichshafen

Zur Erzielung niedriger Gesamtkosten, die sich aus den Herstellkosten, Betriebskosten und Wartungskosten zusammensetzen, müssen die folgenden Anforderungen beachtet werden:

- geringe Materialkosten,
- einfache und automatisierbare Fertigung,
- geringe Qualitätssicherungskosten,
- niedriges Gewicht,
- lange Inspektionsintervalle und einfache Inspizierbarkeit,
- einfache Reparaturverfahren,
- geringe Anfälligkeit gegen Korrosion, Ermüdung, Verschleiß etc.

Diese Anforderungen führen bei der Bauweisenentwicklung für die Struktur zu einem zunehmenden Integrationsgrad unter weitgehender Reduzierung der Einzelteile.

Als Antwort auf die Konkurrenz der faserverstärkten Kunststoffe wurden große Anstrengungen unternommen, sowohl neue Metallegierungen, als auch neue gewichts- und kostengünstige Fertigungstechniken für Metallstrukturen zu entwickeln.

Dies ist schon deshalb von großer Bedeutung, da, wie am Beispiel des neuen Commuter-Flugzeuges Dornier 328 zu sehen ist, nach wie vor der weitaus größere Anteil der Struktur aus metallischen Werkstoffen besteht (**Abb. 1**).

Als Fertigungstechniken für integrale Metallstrukturen sind insbesondere die NC-Frästechnik, Gieß- und Schmiedeverfahren und für integrale Blechbauweisen die SPF/DB-(Superplastic Forming/Diffusion Bonding)-Technik zu nennen. Die drei letzten Verfahren zeichnen sich zudem durch niedrigen Materialeinsatz aus, in der heutigen Zeit ein immer wichtiger werdender Gesichtspunkt. Das Diffusionsschweißen wird im Flugzeugzellenbau in Kombination mit der superplastischen Umformung eingesetzt.

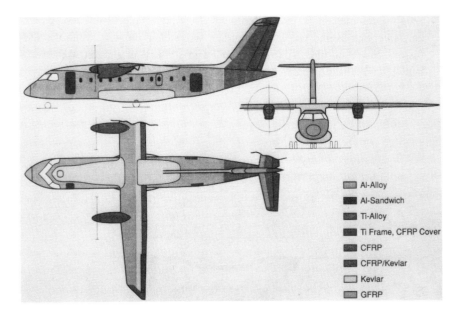

Abb. 1: Werkstoffaufteilung bei der Dornier 328

3 Diffusionsschweißen in Kombination mit der superplastischen Umformung

Da die Fertigungstechnik weitgehenden Einfluß auf die Anforderungen an das Diffusionsschweißen hat, sei hier kurz auf das Prinzip des SPF/DB-Verfahrens eingegangen.

Am weitesten verbreitet ist das Prinzip der Blasumformung (**Abb. 2**). Blech, Werkzeug und Gesenk werden durch eine elektrische Widerstandsheizung auf die Umformtemperatur aufgeheizt. Das obere und untere Gesenk wird mittels einer umlaufenden Dichtlippe, die sich in das Blech einformt, gasdicht abgeschlossen. Das Blech wird dann durch langsame, genau gesteuerte Gasdruckaufbringung in das Werkzeug geformt.

Mit dieser Technik lassen sich aus ebenen Blechen komplexe Strukturbauteile herstellen. Eine Vielzahl von SPF-Teilen aus Aluminium und Titan stehen z. B. im Airbus-Programm, bei der Dornier 328 und in militärischen Flugzeugprogrammen in der Serienfertigung. Der mit Einblechbauteilen erreichbare Integrationsgrad von Strukturen läßt sich weiter steigern, wenn das Diffusionsschweißen in den Prozeßablauf integriert wird und somit Mehrblechbauweisen realisiert werden können.

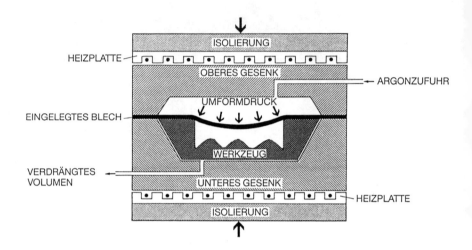

Abb. 2: Prinzip der Blasumformung

Das Herstellungsprinzip eines Einblechbauteils mit integrierten Beschlägen zeigt **Abb. 3**. Das Blech wird umgeformt, bis es an den Beschlagteilen anliegt und anschließend durch das Halten von Druck und Temperatur diffusionsverschweißt. So lassen sich komplex geformte Strukturteile mit konzentrierten Krafteinleitungen herstellen.

Zur Herstellung von integral versteiften, sandwichähnlichen Strukturen aus mehreren Blechen müssen die Bleche zonenweise mit Trennmittel versehen werden. Bei einem 3-Blech-Sandwich werden die Bleche zunächst in den trennmittelfreien Zonen diffusionsverschweißt. Im zweiten Schritt wird Argongas zwischen die Bleche geblasen, so daß die beiden Deckbleche sich auseinanderformen und das mittlere Blech sich zu einer Versteifung zwischen den Deckblechen ausbildet (**Abb. 4**).

Abb. 3: Herstellprinzip eines Einblechbauteils mit diffusionsgeschweißten Krafteinleitungen

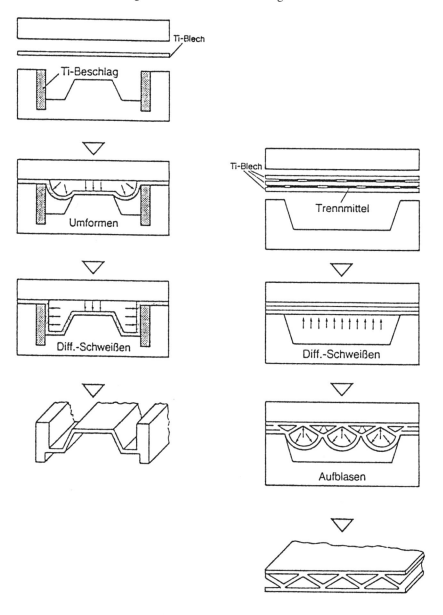

Abb. 4: Herstellprinzip eines SPF/DB-Dreiblechbauteils

Das komplexeste Verfahren ist die Vierblechtechnik (**Abb. 5**). Im ersten Schritt werden die Deckbleche auseinandergeblasen und die beiden mittleren Bleche verschweißt. Im zweiten Schritt wird Gas zwischen die beiden mittleren Bleche eingeblasen, so daß diese sich zu senkrecht stehenden Stegen formen und miteinander diffusionsverschweißen.

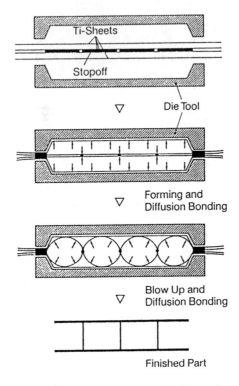

Abb. 5: Herstellprinzip eines SPF/DB-Vierblechbauteils

Aus dem Herstellprinzip für solche Strukturen können die Randbedingungen für die technische Anwendung des Diffusionsschweißens im Rahmen des SPF/DB-Verfahrens abgeleitet werden:

- Es werden großflächige Verbindungen benötigt.
- Verfahren zur Vorbehandlung der Schweißoberflächen müssen an großen Blechen angewendet werden können.
- Die Qualität der Diffusionsverschweißung darf durch benachbarte Trennmittelzonen nicht beeinträchtigt werden.

- Die Fügeatmosphäre wird durch die Anlagentechnik vorgegeben. Beim Einlegen der Bleche wird mit Argon gespült, nach dem Abdichten der Werkzeuge wird mit Argon geflutet.
- Der mögliche Anpreßdruck beim Diffusionsschweißen wird bei großflächigen Teilen durch die Pressengröße auf ca. 2,0 - 3,0 MPa begrenzt.
- Die Schweißtemperatur sollte im Bereich der SPF-Temperatur liegen.
- Durch den Diffusionsschweißprozeß dürfen die superplastischen Eigenschaften der Werkstoffe nicht beeinträchtigt werden.

4 Diffusionsschweißen von Aluminiumlegierungen

Die zur Zeit für den Flugzeugbau relevanten Aluminiumwerkstoffe zum superplastischen Umformen sind die AlZnMgCu-Legierung 7475 und die AlLiMgCu-Legierung 8090. Die Zusammensetzung und einige Eigenschaften dieser Legierungen sind in **Tabelle 1** zusammengestellt.

Zusammensetzung:

AA 7475		AA 8090	
Zn	5,2 - 6,2	Li	2,2 - 2,7
Mg	1,9 - 2,6	Mg	0,6 - 1,3
Cu	1,2 - 1,9	Cu	1,0 - 1,6
Zr	0,18 - 0,25	Zr	0,04 - 0,16
Al	Rest	Al	Rest

Streckgrenze: 420 MPa (T76)   250 MPa (T6)
Zugfestigkeit: 495 MPa (T76)   430 MPa (T6)
E-Modul: 72000 MPa   78000 MPa
Dichte: 2,8 g/cm^3 2,6 g/cm^3

Tab. 1: Superplastische Aluminiumlegierungen für den Flugzeugbau

Das Diffusionsschweißen von Aluminiumlegierungen hat aufgrund der mechanisch und thermisch sehr stabilen Oxidschicht unter den in Kapitel 2 beschriebenen Randbedingungen des SPF/DB-Prozesses noch keine Serienreife erreicht.

Der Entwicklungsstand ermöglicht gute Verschweißungen von Proben unter Laborbedingungen, insbesondere unter exakt kontrollierbarer Fügeatmosphäre, jedoch ist es noch nicht möglich, große SPF/DB-Bauteile herzustellen.

Typische Diffusionsschweißparameter für Aluminiumlegierungen sind in **Tabelle 2** zusammengestellt.

Temperatur	500 - 540 °C
Anpreßdruck	2 MPa
Fügeatmosphäre	Vakuum/Argonschutzgas
Haltezeit	1 - 3 h

Tab. 2: Diffusionsschweißparameter für Aluminiumlegierungen

An kleinen Proben wurden Scherzugfestigkeiten entsprechend den Grundwerkstoffwerten erreicht. Im Querschliff war keine Kornbildung über die ursprüngliche Nahtlinie hinweg feststellbar.

Bei der gefügten AlLi-Legierung 8090 war die typische Nahtausbildung als gerade durchgehende Linie von der Breite einer Korngrenze zu erkennen. Die Scherzugfestigkeit einer solchen Verbindung beträgt 200 MPa.

Gegenstand laufender Untersuchungen ist die Steigerung der zum Aufblasen von Mehrblechtechniken notwendigen Warmschälfestigkeit und die Anpassung der Prozeßführung an die Herstellung größerer Bauteile.

5 Diffusionsschweißen von Titanlegierungen

Der im Flugzeugbau für SPF/DB-Bauteile vorwiegend verwendete Titanwerkstoff ist die α-β-Legierung Ti6Al4V. Einige Eigenschaften und die Zusammensetzung sind aus **Tab. 3** ersichtlich.

Legierungstyp:	$\alpha + \beta$
β-Transus:	995±15°C
Dichte:	4,42 g/cm^3
E-Modul:	108000 MPa (RT)
max. Einsatztemp.:	300 °C

chem. Zusammensetzung [Gew.-%]:

Al	V	Fe	C	O	N	H
6,4	4,0	0,14	0,05	0,1	0,015	0,01

Zugfestigkeit:

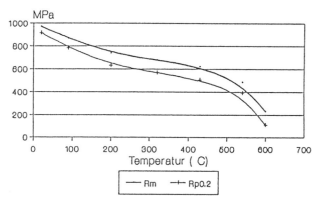

Tab. 3: Eigenschaften der Titanlegierung Ti6Al4V

Mit den verstärkten Aktivitäten zur Entwicklung von fortschrittlichen, wiederverwendbaren Raumtransportsystemen und Hyperschallflugzeugen werden auch die ursprünglich für den Triebwerksbau entwickelten hochtemperaturbeständigen α-Titanlegierungen zunehmend für den Zellenbau interessant. Die modernsten Werkstoffe dieser Art sind die Legierung Ti1100 der Fa. Timet und die Legierung IMI 829 der Fa. IMI. Diese Legierungen weisen im Vergleich zu Ti6Al4V eine bessere Oxidationsbeständigkeit und höhere Festigkeit bis zu Temperaturen von über 600°C auf (**Tab. 4 und 5**).

Legierungstyp: near-α
β-Transus: 1015°C
Dichte: 4,5 g/cm³
max. Einsatztemp.: 590 °C
chem. Zusammensetzung [Gew.-%]:

Al	Sn	Fe	Zr	O	Mo	Si
6,0	2,7	<0,03	4,0	0,7	0,4	0,45

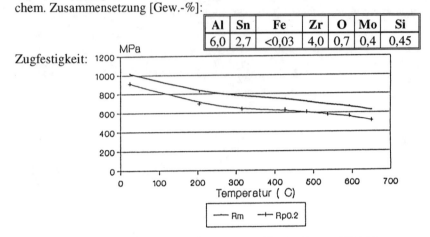

Tab. 4: Eigenschaften der Hochtemperatur-Titanlegierung Ti1100

Legierungstyp: near-α
β-Transus: 1015±10°C
Dichte: 4,54 g/cm³
max. Einsatztemp.: 580 °C
E-Modul: 119000 MPa (RT)
chem. Zusammensetzung [Gew.-%]:

Al	Sn	Zr	Nb	Mo	Si
5,5	3,5	3,0	1,0	0,25	0,3

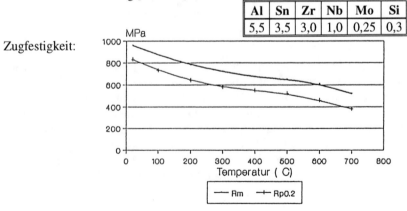

Tab. 5: Eigenschaften der Hochtemperatur-Titanlegierung IMI 829

Durch die Löslichkeit ihrer Oxidhaut bei höheren Temperaturen sind Titanlegierungen sehr gut diffusionsschweißbar. Typische Prozeßparameter sind in Tab. 6 zusammengestellt.

Temperatur	900 - 980°C
Anpreßdruck	2 MPa
Fügeatmosphäre	Argonschutzgas
Haltezeit	1 - 3 h

Tab. 6: Typische Prozeßparameter für das Diffusionsschweißen von Titanlegierungen

Die Einflüsse der Diffusionsschweißparameter und der Prozeßführung auf die Qualität der Diffusionsschweißung von Ti6Al4V sollen nachfolgend am Beispiel der Schweißzeit und der Schweißatmosphäre gezeigt werden. Bei einer Schweißzeit von 1 Stunde ist der Nahtverlauf im Schliff in der Regel an einer Reihung von Mikroporen noch deutlich erkennbar. Bei 3 Stunden Schweißzeit sind keine Mikroporen mehr vorhanden, der Verbindungsbereich ist nicht mehr vom Grundwerkstoffgefüge zu unterscheiden.

Während des SPF/DB-Prozesses muß der Zutritt von Luftsauerstoff weitestgehend verhindert werden. Bei einer Diffusionsverschweißung an Luft bildet sich entlang der porenhaltigen Naht ein Saum von α-Phasen-Anreicherung. Mit Argongasspülung läßt sich die Bildung der α-Phasen im Nahtbereich weitgehend vermeiden.

Bei der Herstellung von SPF/DB-Mehrblechbauteilen muß auf die exakte Lage der Trennmittelkontur geachtet werden. Verschiebungen im Trennmittelmuster führen zu Ablösungen beim Aufblasen und zur Porenbildung in der Verschweißung am Rand einer aufgeblasenen Kammer. Bei exakter Lage des Trennmittelmusters bildet sich dagegen eine fehlerfreie Kontur der Kammer aus.

Die hochtemperaturbeständigen α-Titanlegierungen müssen, im Vergleich zu Ti6Al4V, bei höheren Temperturen diffusionsverschweißt werden. Die üblichen 920°C sind nicht ausreichend, um fehlerfreie Verbindungen zu erreichen, während bei 980°C Diffusionsverschweißungen hoher Qualität möglich sind. Insgesamt erweist sich das Diffusionsschweißen als eine für Titanlegierungen hervorragend geeignete Technik, die Verbindungen nahe der Grundwerkstoffestigkeit ohne nachteilige Beeinflussung des Gefüges auch bei Anwendung an Bauteilen unter Bedingungen der Serienfertigung ermöglicht.

6 Anwendungsbeispiele und Bauteile

Die Serienanwendung des Diffusionsschweißens bei SPF/DB-Bauteilen ist z. Zt. ausschließlich auf Titanstrukturen beschränkt. Die Entwicklung des Diffusionsschweißens von Aluminium ist für einen Serieneinsatz noch nicht weit genug fortgeschritten. Jedoch sind SPF-Teile aus Aluminium mit konventioneller Verbindungstechnik im Einsatz, die vom Bauweisen- und Werkzeugkonzept eine Umstellung auf die SPF/DB-Technik erlauben. Ein Beispiel dafür ist eine Inspektionsklappe des Airbus A-320. Die SPF-Unterstruktur wird z. Zt. an die glatte Außenbehäutung genietet (**Abb. 6**), kann aber auf eine diffusionsgeschweißte Bauweise umgestellt werden.

Abb. 6: Superplastisch umgeformte Unterstruktur der Inspektionsklappe des Airbus A320 aus Aluminium 7475

SPF/DB-Bauteile aus Titan werden überwiegend in militärischen Flugzeugen eingesetzt. Dort ist wegen der hohen Lastdichten der Titananteil in der Struktur weit größer als in zivilen Fluggeräten, und der hohe Qualitätssicherungsaufwand für SPF/DB-Strukturen wird eher in Kauf genommen.

Als Beispiel für die vorteilhafte Anwendung der SPF/DB-Technik kann die F15 von McDonnel Douglas genannt werden, deren neueste Version im hinteren Rumpf viele SPF/DB-Komponenten enthält. Gegenüber den in Differentialbauweise angeführten älteren Versionen konnten 726 Einzelteile und über 10000 Verbindungselemente bei gleichzeitiger Erhöhung der Festigkeit eingespart werden.

Abschließend seien einige in SPF/DB-Technik hergestellte Komponenten, die die vielfältigen konstruktiven Gestaltungsmöglichkeiten des Verfahrens aufzeigen, vorgestellt.

Abb. 7 zeigt eine Rumpfschubwand als Zweiblechbauteil mit auf vier Bleche aufgedickten Randbereich zur Krafteinleitung, **Abb. 8** einen Stabilisierungsflügel, ausgeführt als 3-Blech-Sandwich. Eine zweiachsig versteifte, doppelwandige Behäutung für Raumfahrtanwendung, hergestellt in der 4-Blech-Technik, ist in **Abb. 9** dargestellt.

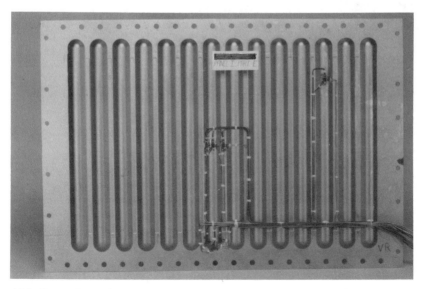

Abb. 7:   Rumpfschubwand aus Ti6Al4V in SPF/DB-Zweiblechtechnik

Abb. 8: Stabilisierungsflügel aus Ti6Al4V in SPF/DB-Dreiblechtechnik

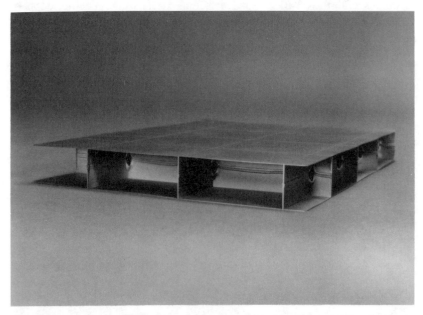

Abb. 9: Doppelwandige Behäutung aus Ti6Al4V in SPF/DB-Vierblechtechnik

Löten hochfester Leichtmetall-Legierungen

L. Martinez [*], E. Lugscheider[**]

1 Einleitung

Sowohl in der Luft- und Raumfahrtindustrie als auch in anderen Bereichen des Maschinenbaus ist die Entwicklung von leichteren Strukturen ohne Kostenerhöhung und Einschränkungen in der Festigkeit ein wesentliches Ziel.

Mit der Entwicklung neuer hochfester Aluminiumlegierungen und den Fortschritten in den superplastischen Umformverfahren könnten kostengünstige Lösungen, ähnlich wie bei TiAl6V4, gefunden werden [1,2], falls sich die so geschaffenen Teile, nach Möglichkeit im Umformungsprozeß integriert, fügen lassen.

Die Vorteile der Titanlegierungen sind schon seit Jahren bekannt [3]. Niedriges Gewicht, gute Korrosionseigenschaften bei Salzwasser und vielen Säuren, hohe Festigkeiten und eine gute Verarbeitbarkeit zeichnen das Material aus.

Daher werden Tanks in der Raumfahrt, Reaktoren in der chemischen Industrie, künstliche Gelenke für die Humanmedizin und mechanisch hochbelastete Strukturen für Flugzeuge aus Titan oder Titanlegierungen, meistens aus der bekannten α - β -Legierung TiAl6V4, hergestellt [4].

Aluminium- und Silberbasislote kommen trotz guter Benetzung des Titans wegen der mangelnden Korrosions- und Festigkeitseigenschaften nur in diesbezüglich unkritischen Bauteilen zum Einsatz. Das Lot aus dem System Titan-Kupfer-Nickel wird aufgrund der eingeschränkten Fließeigenschaften und der relativ hohen Arbeitstemperatur, die mit 950°C nahe der α - β -Übergangstemperatur liegt, nicht verwendet, obwohl damit Lötungen möglich sind, die grundwerkstoffähnliche Eigenschaften aufweisen [5].

---

[*] Eurobraz GmbH, Menden
[**] Lehr- und Forschungsgebiet Werkstoffwissenschaften, RWTH Aachen

2   Löten von hochfesten Aluminium-Legierungen

Aluminiumlegierungen, wie die häufig eingesetzten AlMn1Cu oder AlMn1Mg0.5, werden im allgemeinen mit Aluminium-Silizium-Loten gefügt. Das eutektische Lot Al-Si 12 ist mit einer Schmelztemperatur von 577°C für die hochlegierten Aluminiumgrundwerkstoffe, die entweder Solidustemperaturen von ca. 530°C aufweisen oder bei denen ab 520°C - 530°C Gefügeumwandlungen und Kornwachstum auftreten, nicht geeignet [6,7].

Deshalb war das Ziel eine neue Reihe von Legierungen zu entwickeln, mit Liquidustemperaturen unterhalb von 530°C.

Erste Untersuchungen, um neue Zwei- und Dreistoff-Systeme mit niedrigen Liquidustemperaturen zu finden, zeigen, daß Al-Ge-Si-Legierungen die gestellten Forderungen erfüllen können [8].

2.1   Das Dreistoff-System Al-Ge-Si

Bei den Randsystemen von Al-Ge-Si handelt es sich um die beiden eutektischen Systeme Al-Si und Al-Ge und um Ge-Si, bei dem eine lückenlose Mischkristallreihe gebildet wird [9]. Die Löslichkeit von Germanium und Silizium in Aluminium kann bei Raumtemperatur vernachlässigt werden.

Da bei dieser Konstellation der Randsysteme theoretisch nur zwei Phasen existieren, das Al- und das Ge-Si-Mischkristall, ließe sich im Dreistoffsystem eine Reihe von Legierungen finden, die in der eutektischen Rinne liegen, mit Schmelzpunkten zwischen 424°C (Al-Ge-Eutektikum) und 577°C (Al-Si-Eutektikum) [8].

Das Ge-Si-Mischkristall ist aber bei allen erschmolzenen Legierungen nicht im Gleichgewichtszustand. Das heißt statt eine lückenlose Mischkristallreihe zu bilden, verhält sich Ge-Si wie ein eutektisches System mit einer eutektischen Temperatur, die der Schmelztemperatur von Germanium entspricht. Dadurch entsteht in der Lotlegierung ein Al-Ge-Eutektikum, das eine Solidustemperatur von 424°C aufweist.

Neben einer Legierung mit 16 Gew.-% Germanium und 8 Gew.-% Silizium, Rest Aluminium, mit einem Schmelzbereich von 424 - 548°C, die auf konventionelle Weise walzbar ist, wurde eine Reihe mit 38 - 40 Gew.-% Germanium und 2 - 4 Gew.-% Silizium, Rest Aluminium erschmolzen und untersucht. Die Solidustemperatur dieser Legierungen liegt bei 424°C, die Liquidustemperatur variiert zwischen 484°C bei Al-Ge40-Si4 und Al-Ge40-Si2 und 540°C bei Al-Ge30-Si2. Um hochfeste Aluminiumlegierungen löten zu können, wurden Aluminium-Germanium-Silizium Folien in einer Argonatmosphäre auf einer Kupferwalze im Meltspin-Verfahren hergestellt. Die Kalorimeter-Messung zum Feststellen des Schmelzbereiches der Folie ergibt beim ersten Aufheizen eine Erhöhung der Solidiustemperatur auf 440°C. Die Liquidustemperatur ist 521°C. Beim zweiten Aufheizen der gleichen Probe bleibt die Liquidustemperatur zwar gleich, die Solidustemperatur sinkt jedoch auf 424°C. Daraus folgt, daß sich ein Teil der Germanium-Silizium-Mischkristalle entmischt hat und ein Aluminium-Germanium-Eutektikum enstanden ist.

2.2 Lötversuche mit Al-Ge-Si-Loten

Das flußmittelfreie Hartlöten von Aluminium kann mit verschiedenen Lotlegierungen auf Aluminium-Germanium-Silizium-Basis durchgeführt werden, deren Auswahl von technischen und wirtschaftlichen Kriterien bestimmt wird.

Für das Löten von Legierungen wie Al-Zn-Cu-Mg und Al-Li-Cu-Mg sind Lote mit Liquidustemperaturen von ca. 500°C geeignet, so daß bei 530°C gelötet werden kann. Bei Diffusionslötungen ist es jedoch möglich, Legierungen mit geringeren Germanium-Gehalten einzusetzen. Aufgrund der Oxidation des Aluminiums ist der Einsatz von Aluminium-Germanium-Silizium-Loten nur in Band- oder Folienform vorstellbar.

Die Grundwerkstoffe Al-Zn-Cu-Mg und Al-Li-Cu-Mg sind bei 530°C sowohl im Vakuum als auch in Argonatmosphäre mit Al-Ge30-Si4 gelötet worden. Die Proben werden bei 5×10^{-5} mbar und 530°C, bei einer Haltezeit zwischen 10 und 30 min, gelötet.

Während bei den kürzeren Haltezeiten eine hohe Fehlerrate auftritt, wird bei dieser Temperatur und der 30-minütigen Haltezeit ein Fließen des Lotes erreicht.

In **Abb. 1** werden mit Al-Ge30-Si4 gelötete Proben dargestellt. Die Arbeitstemperatur ist 535°C, die Haltezeit beträgt 10 min, das Vakuum 5×10^{-5} mbar.

 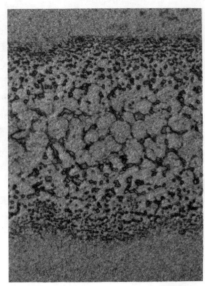

$\overline{100\ \mu m}$

Abb. 1: Al-Li-Cu-Mg (AA 8090) und Al-Zn-Cu-Mg (AA 7475)gelötet mit Al-Ge30-Si4 bei 530°C

Aufgrund des großen Schmelzbereiches des Lotes und der hohen Diffusionsgeschwindigkeit von Germanium in den benutzten Aluminiumlegierungen kann Germanium an den Oberflächen der Grundwerkstoffproben nachgewiesen werden. Die Lötnaht ist mit ca. 300 - 400 µm etwa viermal so breit wie die eingelegte Lotfolie.

2.3 Ergebnisse und Aussichten

Im Dreistoffsystem Aluminium-Germanium-Silizium lassen sich Lote finden, mit denen es möglich ist, die hochfesten Legierungen Al-Zn-Cu-Mg und Al-Li-Cu-Mg zu fügen.

Durch die Diffusion von Germanium in den Grundwerkstoff, die durch den großen Schmelzbereich des Lotes unterstützt wird, kann das Gefüge der Grundwerkstoffe verändert werden und auf diese Weise die Eignung zum superplastischen Umformen einschränken.

Sowohl die Fließeigenschaften als auch die Eignung zum Reduzieren der Oberflächen können durch Hinzufügen von Legierungselementen wie zum Beispiel Magnesium und Wismut verbessert werden. Es ist jedoch auch notwendig durch die Untersuchung verfahrens- oder legierungstechnischer Maßnahmen den Schmelzbereich des Lotes einzuengen, um die Diffusion des Germaniums in die Grundwerkstoffe und damit ihre Beeinflussung einzuschränken.

3 Löten von Titan und Titanlegierungen

Aufgrund der hohen Affinität von Titan und seinen Legierungen zu Wasserstoff, Stickstoff und Sauerstoff können Titan und Titanlegierung nur im Vakuum oder in einer sehr reinen Edelgasatmosphäre gelötet werden. Aus Kostengründen und wegen der besseren Qualität ist eine Vakuumlötung vorzuziehen. Bei Drücken mit 10^{-4} mbar ist zwar ein Fügen möglich, doch ist mit einer Aufhärtung des Titans durch gelösten Sauerstoff zu rechnen. Es wird empfohlen, bei Drücken kleiner als ca. 10^{-5} mbar zu löten.

TiAl6V4 kann bis zu Temperaturen von 950°C gelötet werden. Danach treten Veränderungen im Gefüge auf, die zu deutlich schlechteren mechanischen Kennwerten führen. Bei Reintitan und β-stabilisierten Legierungen ist die Arbeitstemperatur ebenfalls wegen der Phasenausbildung eingeschränkt.

3.1 Fügen mit Aluminium-Basisloten

Aufgrund der Fähigkeit von Titan bei Temperaturen um 600 - 700°C Oxide zu lösen, bereitet das Löten mit Aluminium kaum Schwierigkeiten, wenn das Lot richtig am Titanbauteil positioniert ist. Es können Aluminium-Silizium-, Aluminium-Mangan-Legierungen und auch Reinaluminium eingesetzt werden. Die Löttemperatur sollte über 700°C liegen.

Die erreichbaren Festigkeiten und die Korrosionsbeständigkeit sind stark abhängig von der Nahtdicke und damit von den ausgebildeten Phasen.

Bei einer Spaltbreite von 20 µm bilden sich in der Naht intermetallische Phasen zwischen Titan und Aluminium.

Die Festigkeiten dieser Verbindungen liegen um 300 MPa und damit etwa doppelt so hoch wie bei Nahtdicken zwischen 50 - 100 µm, bei denen sich eine reine Aluminiumphase in der Nahtmitte stabilisiert.

3.2 Fügen mit Silber-Basisloten

Bei den Silberbasislegierungen gibt es eine Reihe von Produkten, die für das Fügen von Titan einsetzbar sind. Es handelt sich dabei um Silber-Kupfer-Indium, das bei ca. 750°C eingesetzt werden kann, verschiedene Silber-Kupfer- und Silber-Kupfer-Palladium-Lote mit Arbeitstemperaturen zwischen 800 und 900°C, und kupferfreie Legierungen, wie Silber-Aluminium und Silber-Gallium-Palladium, die bei 850 - 930°C einsetzbar sind.

Die Silberlegierungen besitzen alle ein ausgezeichnetes Fließ- und Benetzungsverhalten in Verbindung mit Titangrundwerkstoffen, so daß sich mit ihnen komplexe Bauteile fügen lassen. Die Festigkeiten werden durch die Ausbildung einer reinen Silberphase in der Nahtmitte, und bei den kupferhaltigen Legierungen durch die Stabilisierung harter Kupfer-Titan-Phasen im Übergangsbereich Lot-Grundwerkstoff bestimmt. Die Korrosionseigenschaften des Titans gehen im Verbund mit silberhaltigen Loten weitgehend verloren.

3.3 Fügen mit Titanbasisloten

Zum Zeitpunkt der Untersuchungen existierte lediglich ein Titanbasislot, das kommerziell genutzt wurde. Dies ist eine Legierung mit 15 Gew.-% Kupfer, 15 Gew.-% Nickel, Rest Titan, das als Schichtenlot angeboten wird, da es aufgrund des hohen Kupfer-Nickel-Gehaltes walztechnisch nicht bearbeitbar ist. Der Schmelzbereich beträgt 910 - 960°C. Die Arbeitstemperatur sollte 950°C betragen und ist damit nahe an der α-β-Umwandlungstemperatur von TiAl6V4. Die Phasenausbildung und die erreichbaren Festigkeiten sind abhängig von der Nahtdicke.

Bei Spalten bis zu 50 µm bildet sich durch Diffusion eine 100 - 120 µm dicke Naht aus, die aus einem nadelförmigen Gefüge besteht (**Abb. 2a**).

Die Eigenschaften einer solchen Verbindung sind chemisch und mechanisch mit denen des Grundwerkstoffes vergleichbar. Bei größeren Spalten ist in der Naht ein nickel- und kupferreiches Titan zu finden (**Abb. 2b**). Danach stabilisiert sich bei größeren Lötspalten (abhängig von der Arbeitstemperatur und -dauer) eine nickel- und kupferreiche Phase in der Nahtmitte, die zu einer Einschränkung der Festigkeit und der Korrosionsbeständigkeit führt. (**Abb. 2c und 2d**).

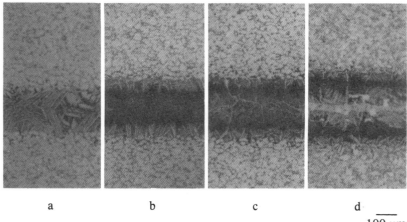

a   b   c   d

Abb. 2: TiAl6V4 gelötet mit Ti-Cu-Ni bei 950°C   100 μm

3.4 Lote auf Titan-Zirkon-Basis

Um die grundwerkstoffähnlichen mechanischen und chemischen Eigenschaften des Titanbasislotes Ti-Cu15-Ni15 auch bei niedrigen Arbeitstemperaturen zu erhalten, sind Legierungen im System Titan-Zirkon-Kupfer-Nickel [10] und Titan-Zirkon-Kupfer-Nickel-Palladium untersucht worden. Durch die Herabsetzung der Arbeitstemperatur wird eine schonendere Behandlung des Grundwerkstoffes erreicht. Dies ist besonders bei den feinkörnigen Legierungen wichtig.

Es zeigt sich, daß sowohl bei höheren Kupfer-Nickel-Gehalten (Ti20-Zr30-Cu20-Ni20), wie in [10] vorgesehen, als auch bei Legierungen mit 10-15 Gew.-% Kupfer und 10-15 Gew.-% Nickel Arbeitstemperaturen von 880-940°C möglich sind. Diese Arbeitstemperaturen liegen etwa 50-80°C über den Liquidustemperaturen der Legierungen.

Die Phasenausbildung bei Verwendung von Ti-Zr-Cu-Ni-Loten ist ähnlich der von Verbindungen, die mit Ti-Cu-Ni hergestellt wurden. Bei engen Spalten bildet sich ein nadelförmiges Gefüge aus, das bei breiterem Spalt in β -Titan übergeht. Erst ab ca. 70 µm Spaltbreite bilden sich kupfer-nickelreiche Phasen aus, die sowohl die mechanischen als auch die chemischen Eigenschaften der Verbindung negativ beeinflussen.

Aufgrund der harten intermetallischen Phasen im System Nickel-Kupfer-Titan lassen sich diese Legierungen nur schwer walztechnisch verarbeiten. Durch das Meltspin-Verfahren lassen sich jedoch amorphe Folien herstellen, die eine einfache Handhabung des Lotes gewährleisten.

3.5 Ergebnisse und Aussichten

Löten von Titanlegierungen ist eine Alternative zu den verschiedenen Schweiß- und in vielen Fällen zu den teuren spanenden Fertigungsverfahren.

Je nach Anforderung an die mechanischen und chemischen Eigenschaften sowie der Konstruktion ist es möglich, Titanlegierungen mit handelsüblichen Aluminium- und Silberbasislegierungen zu fügen.

Wenn jedoch grundwerkstoffähnliche Kennwerte von der Verbindung gefordert werden, können nur Titan- und Titan-Zirkon-Basis-Lote eingesetzt werden.

4 Schrifttum

[1] Bales; T.T. and D.M. Royster:
Advances in Metals Processing.
NASA Langley Research Center Hampton, Virginia 16.-17.11.1982

[2] Holbein, R. und R.F. Sahm:
Superplastische Umformung verbunden mit Diffusionsschweißen von Aluminiumlegierungen.
Schweißen und verwandte Verfahren im Luft- und Raumfahrzeugbau, Vorträge Essen, September 1985

[3] U. Zwicker:
Titan und Titanlegierungen.
Springer Verlag Berlin, Heidelberg, New York 1974

[4] Holbein, R. and K.F. Sahm:
Producibility of Aircraft Structural Parts by Superplastic Forming and Diffusion Bonding
Titanium Science and Technology, Proceedings of the 5th Int. Conference on Titanium, September 1984

[5] J. Lesgourges:
Brasage haute temperature de l'alliage de Titane TiAl6V4.
I.I.W.-Annual Assembly, Copenhagen, 6. Juli 1977

[6] T.D. Byna, P. Yavari:
Joining of Superplastic Aluminium for Aircraft Structural Application.
Int. Conference "Superplasticity in Aerospace-Aluminium", Cranfield, England 1985

[7] Schoer, H.S. und W. Schulze:
Entwicklung eines Verfahrens zum Flußmittellosen Löten von Aluminium unter Schutzgas.
Metallkunde 1972, S. 775-781

[8] Lugscheider, E. und W.J. Quadakkers:
Konstitution von Aluminiumbasissystemen.
Technisch-Wissenschaftlicher Bericht Nr. 2, 1981

[9] T.B. Massalski:
Binary Alloy Phase Diagrams.
ASM, 1986

[10] Onzawa, T. and A. Suzumura:
Brazing of Titanium using Low Melting Point Ti-Base Filler Metals.
AWS Convention, New Orleans 1988

Keramik-Metall-Verbindungen für die Großserienfertigung

V. Dietrich [*]

1 Einleitung

Keramische Werkstoffe haben aufgrund ihres besonderen Eigenschaftsprofils eine wachsende Bedeutung als Werkstoffe für Anwendungen in der Elektrotechnik und Elektronik, aber auch im Maschinenbau, in der Verfahrenstechnik und in der Energietechnik erlangt. Eine befriedigende Nutzung ihrer Vorteile gelingt allerdings meist nur in Verbindung mit anderen, zumeist metallischen Werkstoffen. Der Verbindungstechnik zwischen Keramik-Keramik und Keramik-Metall kommt daher für einen erfolgreichen Einsatz große Bedeutung zu.

Ziel dieses Beitrags ist es, anhand von Anwendungsbeispielen aus der Serienfertigung die Vorteile verschiedener Fügetechniken aufzuzeigen. Bewußt sollen hier Beispiele behandelt werden, bei denen aufgrund der Stückzahlen und der erreichten Prozeßsicherheit leicht übersehen wird, daß es sich um hochtechnologische Anwendungen handelt.

2 Vergleich der Werkstoffeigenschaften

In erster Linie bestimmen die in der Verbundkonstruktion auftretenden Spannungen die Belastbarkeit und damit die Einsatzmöglichkeit der Verbindung. Spannungen entstehen aufgrund von Temperatureinflüssen bei der Herstellung oder beim Einsatz der fertigen Bauteile infolge unterschiedlicher Ausdehnung der am Verbund beteiligten Werkstoffe. Sie lassen Belastungen nur unterhalb der Grundwerkstoffestigkeit zu bzw. führen bei ungünstiger Konstruktion zum Versagen des Bauteils.

---

[*] Schott Glaswerke, Mainz, ehemals Hoechst CeramTec, Lauf

Maßgebend für die Höhe der auftretenden Spannungen sind die elastischen Konstanten der am Verbund beteiligten Werkstoffe und ggf. der durch plastische Verformung des metallischen Partners hervorgerufene Spannungsabbau. In **Tab. 1** sind typische Eigenschaften keramischer Werkstoffe gegenübergestellt. Generell liegt ihr Ausdehnungskoeffizient unter dem üblicher metallischer Konstruktionswerkstoffe. Die Unterschiede zwischen den einzelnen Werkstoffen sind erheblich. Es ist daher leicht verständlich, daß es nicht eine universell anwendbare Fügetechnik gibt, sondern daß es sich um eine Vielzahl spezifischer Problemlösungen handeln muß.

Werkstoff	$\sigma^{1)}$ MPa	Weibull	E-Modul GPa	$\alpha^{2)}$ $10^{-6} * K^{-1}$	$K_{IC}^{4)}$ MPa$*\sqrt{m}$	$R^{3)}$ K^{-1}
Al_2O_3	360	10	350	8,3	4,0	100
RBSN	220	15	165	3,0	3,0	510
HIPRBSN	850	13	350	3,2	7,5	925
SiSiC	350	14	395	4,2	3,7	175
Al_2TiO_5	35	25	20	2,0	--	1100
ZrO_2(PSZ)	520	25	210	10,5	8,0	145

1. 4-Punkt-Biegefestigkeit
2. Therm. Ausdehnungskoeffizient (20 - 1000 °C)
3. R = s * (1 - µ) / E * a; Maß für die Thermoschockbeständigkeit
4. Bruchzähigkeit

Tab. 1: Vergleich wichtiger Eigenschaften keramischer Hochleistungswerkstoffe

Die Vielfalt der mechanischen Eigenschaften keramischer Hochleistungswerkstoffe erfordert deshalb eine Palette metallischer Werkstoffe, um Verbindungen mit optimierten Eigenschaften herstellen zu können. Qualitativ sind für eine Auswahl metallischer Werkstoffe die relevanten mechanischen Kennwerte in **Tab. 2** gegenübergestellt.

Werkstoff	$\sigma_{0.2}$ MPa	σ_B MPa	E-Modul GPa	α $10^{-6}*K^{-1}$
Niob	--	600	100	8,5
Wolfram	--	2000	410	4,5
1.4571	200	550	210	18,0
Vacon 10	400	550	130	8,2
Kupfer	50	220	210	16,0

Tab. 2: Vergleich wichtiger Eigenschaften metallischer Werkstoffe für Keramik-Metall-Verbindungen

3 Fügeverfahren

Je nach Anforderung stehen eine Reihe unterschiedlichster Fügeverfahren für Keramik-Metall-Verbindungen zur Verfügung. Die jeweilige Auswahl richtet sich nach der Werkstoffart, den Einsatzbedingungen, der Stückzahl und nicht zuletzt nach den Herstellungskosten (**Tab. 3**). Eine Übersicht über die nach dem derzeitigen Stand in der Serienfertigung gebräuchlichen Verfahren zeigt **Abb. 1**. Kraft- und formschlüssige Verbindungen werden bevorzugt in den Fällen eingesetzt, bei denen in erster Linie die mechanischen oder tribologischen Eigenschaften der Keramik genutzt werden, z.B. für Gleitringdichtungen im Maschinenbau. Beide Verbindungsarten sind universell für alle Keramikarten einsetzbar. Vorteilhaft ist darüberhinaus, daß es sich um lösbare Verbindungen handelt.

Dies gilt bei den stoffschlüssigen Verfahren nur für das Kleben. Die Anwendung der Verfahren Löten und Schweißen unterliegt darüberhinaus Einschränkungen in Bezug auf die Keramik. Das Fügen von Keramik mit Metall durch Schweißen hat bisher noch keinen Eingang in die Serienfertigung gefunden.

- **Werkstoffe**
  + Keramik
  + Metall

- **Einsatzbedingungen**
  + Festigkeit
  + Temperatur
  + Korrosion
  + Gas- und Vakuumdichtigkeit
  + Abmessungen

- **Stückzahl**
  + Einzelfertigung
  + Serienfertigung

- **Kosten**

Tab. 3:   Auswahlkriterien für Keramik-Metall-Verbindungen

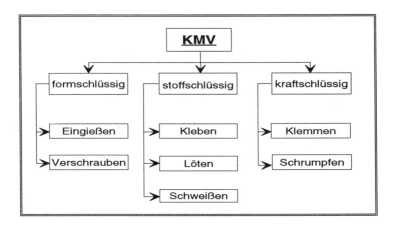

Abb. 1:   Einteilung der Fügeverfahren

Nachfolgend werden ausgewählte Beispiele zu den einzelnen Fügeverfahren näher beschrieben.

4 Anwendungsbeispiele
4.1 Formschlüssige Verbindungen

Ausführlicher vorgestellt werden soll an dieser Stelle der Portliner aus Aluminiumtitanat (Al_2TiO_5 oder ATI). Weitere Beispiele für formschlüssige Verbindungen aus völlig anderen Einsatzgebieten sind z.b. die Fixierung von Schneidkeramik im Werkzeughalter und die Verbindung Metallschaft-Keramikkugel bei Hüftgelenksendoprothesen [1].

Aluminiumtitanat zeichnet sich durch eine äußerst geringe Wärmeleitfähigkeit aus. Portliner aus ATI verringern die Wärmeabgabe der Abgase an den Kühlkreislauf im Bereich des Zylinderkopfs (Abb. 2). Aufgrund der geringen Festigkeit des Materials ist dies jedoch nur in Verbindung mit anderen Werkstoffen möglich, die dem Verbund die notwendige Festigkeit verleihen.

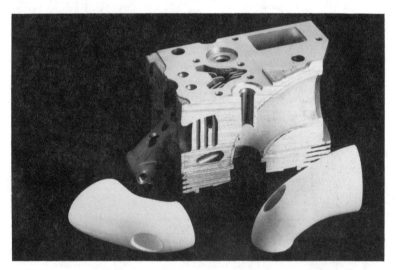

Abb. 2: Portliner aus Aluminiumtitanat im eingegossenen Zustand

Die hervorragende Thermoschockbeständigkeit dieser Keramik läßt in diesem Fall das Eingießen in Aluminium bzw. Grauguß zu. Da die Festigkeit von ATI sehr gering ist, kommt der Optimierung der Verbindungsparameter besondere Bedeutung zu. Durch eine geeignete Bauteilgeometrie in Verbindung mit einer angepaßten Temperaturführung beim Eingießen wird erreicht, daß sich kein Spalt zwischen Keramikschale und Metall ausbildet und die Keramik auch unter Einsatzbedingungen unter leichten Druckspannungen gehalten wird [2]. Durch die konsequente Optimierung aller Parameter ist diese Technik heute in der Serienfertigung als beherrscht zu bezeichnen.

4.2 Löten

Das Verbinden von Keramik mit Metall durch eine Lötverbindung ist - über alle Varianten gesehen - das am häufigsten verwendete Fügeverfahren. Durch die Auswahl geeigneter Lote lassen sich nahezu alle keramischen Werkstoffe untereinander und mit Metall verbinden. Einen Überblick über die verschiedenen Varianten dieses Verfahrens gibt **Abb. 3**.

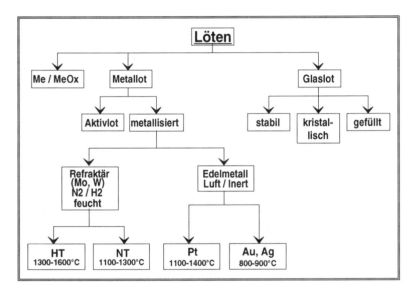

Abb. 3: Lötverfahren für Keramik-Metall-Verbindungen

4.2.1 Direct Copper Bonding

Im Zweistoffsystem Cu/O existiert ein Eutektikum zwischen Cu und CuO bei ca. 0.34 Gew.% O mit einer Liquidustemperatur von 1065 °C. CuO benetzt oxidkeramische Werkstoffe, Cu metallische Materialien. Durch gezielte Einstellung der Verfahrensparameter (O_2-Partialdruck, O_2-Gehalt des Cu) lassen sich Verbindungen mit hoher Festigkeit und Vakuumdichtigkeit zwischen

Oxidkeramik und Metall, z.B. Al_2O_3/Cu, herstellen. Wie auch bei der Metallisierung (s.u.) hat die Zusammensetzung der Keramik einen entscheidenden Einfluß auf die mechanischen Eigenschaften der Verbindung [3].

Das Verfahren wird vornehmlich in der Elektronik angewendet, wo es zur Herstellung von Heat-Sinks für hochintegrierte Chips bzw. als Alternative zur herkömmlichen Fügetechnik mittels Metallisierung bei der Produktion von Leistungshalbleitern dient [4]. Gleichzeitig ist hier die hohe Wärmeleitfähigkeit des Cu von Interesse. Ein serienmäßiger Einsatz für mechanisch beanspruchte Verbindungen ist bisher nicht bekannt.

4.2.2 Löten mit Glasloten

Glaslote werden sowohl für Keramik-Keramik als auch für Keramik-Metall-Verbindungen eingesetzt. Mit dieser Fügetechnik können gas- und vakuumdichte Verbindungen erzielt werden. Da jedoch Glaslote im Gegensatz zu den metallischen Loten keine plastische Verformung zulassen, müssen die Parameter Lot, Keramik und Herstellungsbedingungen so angepaßt werden, daß die Spannungen bei der Herstellung und im späteren Betrieb möglichst klein gehalten werden. Dies ist zum einen möglich durch die Wahl der Glasart (stabil, kristallisierend, gefüllt), zum anderen durch die Wahl der Löttemperatur. Thermische Ausdehnung und Löttemperatur sind miteinander verknüpft. Eine kleine thermische Ausdehnung erfordert eine hohe Löttemperatur und umgekehrt. Ausführlichere Angaben sind in [5] zu finden.

Als Beispiel für eine Keramik-Metall-Verbindung sei hier die Elektrodendurchführung bei Natriumhochdruckdampf-Lampen angeführt. Eine Nb-Elektrode wird in ein transluzentes Al_2O_3-Rohr mit einem nicht-kristallisierenden Glas eingelötet (**Abb. 4**). Die Verbindung ist vakuumdicht, beständig gegenüber Na-Dampf, temperaturwechsel- und temperaturbeständig bis ca. 900 °C.

Als Beispiel für eine Keramik-Keramik-Verbindung soll die Meßzelle eines Drucksensors dienen. Sie besteht aus einem Grundkörper mit einer geeigneten Vertiefung, über der sich eine ebenfalls aus Al_2O_3 bestehende Membran befindet. Membran und Grundkörper werden nach dem Aufbringen der elektronischen Schaltung mit einem Glaslot verbunden. Günstig in diesem Beispiel sind die elastischen Eigenschaften des Glaslots, die die Auslenkung der

Membran beeinflussen. Gegen mechanische Überbeanspruchung muß das System konstruktiv geschützt werden.

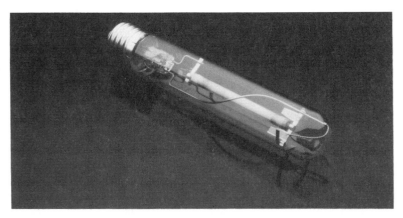

Abb. 4: Verbindung Niob - Al_2O_3 an einer Natriumhochdruckdampf-Lampe

4.3.3 Löten mit metallischen Loten

Metallische Lote kommen in zwei verschiedenen Varianten zum Einsatz. Das ältere Verfahren einer Metallisierung der Keramik und dem anschließenden Löten mit konventionellen Loten ist beschränkt auf oxidische Keramiken. Es ist das mit Abstand am meisten eingesetzte Fügeverfahren. Für den Anwender bedeutet dies, daß er Verbindungen mit vorhandenen Fertigungsmitteln herstellen kann.

Das in letzter Zeit bis zur Anwendungsreife entwickelte Aktivlöten verwendet dagegen Lote mit aktiven Komponenten in Form von Titan, Zirkonium oder Hafnium, die beim Löten mit der Keramik reagieren. Mit dieser Technik lassen sich prinzipiell alle keramischen Werkstoffe fügen [6, 7]. Allerdings erfordert die Verarbeitung der Aktivlote im allgemeinen einen höheren prozeßtechnischen Aufwand.

Die Metallisierung der Keramik ist ein umfangreicher Prozeß, bei dem aufgrund der zahlreichen Einflußgrößen (**Tab. 4**) im Hinblick auf ein stabiles Ergebnis jeder Schritt mit äußerster Sorgfalt ausgeführt und protokolliert werden muß.

Material	Keramik	Zusammensetzung
	Fritte	Zusammensetzung Physikalische Eigenschaften Korngrößenverteilung Chemische Eigenschaften
	Metall	Physikalische Eigenschaften Korngrößenverteilung Verunreinigungen
Verarbeitung		Aufbereitung Organik Auftragsart Trocknung
Sintern		Temperatur Haltezeit Atmosphäre

Tab. 4: Einflußgrößen bei der Metallisierung von Keramik

Für elektrotechnische Anwendungen wird fast ausschließlich mit Refraktärmetallen (Molybdän, Wolfram) gearbeitet, im Bereich der Bauelementeherstellung dagegen mit Edelmetallen (s. Abb. 3). Die Wahl des Temperaturbereichs richtet sich nach der Art der Keramik und den an das Bauteil gestellten Anforderungen. Bei der Niedertemperaturmetallisierung (NT) handelt es sich um die klassische Mo/Mn- Metallisierung [8], die auch für Keramiken mit einem Al_2O_3-Gehalt von >96 Gew.-% anwendbar ist. Die Hochtemperatur-Metallisierung (HT) ist dagegen auf Al_2O_3-Gehalte unter 96 Gew.-% beschränkt [9]. Gegenüber der NT-Metallisierung zeichnet sie sich durch höhere Erweichungstemperaturen aus.

Neben der Art der Metallisierung haben vor allem die Parameter Werkstoff und Geometrie einen Einfluß auf die Verbindungseigenschaften. Wurde früher überwiegend spezielle, im Ausdehnungsverhalten an Al_2O_3 angepaßte Legierungen verwendet, so wird bei neueren Entwicklungen eindeutig Cu bevorzugt. Durch geeignetes Design der Fügestelle können die durch die hohen Ausdehnungsunterschiede verursachten Spannungen in das Metall verlagert werden. Bei Überschreiten der Fließgrenze werden sie durch plastische Verformung abgebaut und bleiben dadurch unterhalb der kritischen Festigkeit der Keramik. Finite Elemente Rechnungen helfen dabei, die Materialien und die Geometrie zu optimieren, so daß Zugspannungen in der Keramik unterhalb des kritischen Bereichs gehalten werden können [10]. Neben einer Steigerung der Verbindungsfestigkeit läßt sich auf diese Weise auch eine Verringerung der Streuung erreichen.

Diese Verbindungen zeichnen sich durch hohe Festigkeit, Vakuumdichtigkeit (Leckrate $<10^{-8}$ mbar∗l/s) und gute Thermowechselbeständigkeit (z.b. nach MIL-STD 883C) aus. Dieses Profil wird gefordert vor allem bei elektrotechnischen Anwendungen, wie z.b. Gleichrichtergehäusen, Überspannungsableitern, Vakuumschaltrohren und in der Röhrentechnik. Daneben werden aber auch in zunehmendem Maß Bauteile gefügt, bei denen die mechanische Beanspruchung im Vordergrund steht. Dazu zählen u.a. Dicht- und Regelelemente für Ventile und Kolben für Hochdruckpumpen. Bei letzterer steht das Löten in Konkurrenz zu Schrumpfen oder Kleben.

4.3 Kleben

Durch Kleben lassen sich Komponenten elegant und ohne Temperatureinwirkung fügen. Zugleich sind diese Verbindungen praktisch spannungsfrei. Obwohl eine ganze Reihe an unterschiedlichen Klebertypen zur Verfügung steht [11], können sich Einschränkungen in Bezug auf Festigkeit und/oder Beständigkeit gegenüber organischen Lösungsmitteln ergeben.

Als ein Beispiel soll das Verkleben von einer Folie aus Piezokeramik mit einer Metallmembran zu einem Tongeberelement vorgestellt werden. Die gesinterte Folie mit einer Dicke zwischen 100 und 300 µm wird vor dem Kleben mit einer Ag-Paste metallisiert. Anschließend erfolgt das Verbinden mit einer Metallmembran aus Messing, Austenit oder FeNi mit Hilfe eines Einkomponenten-Methacrylatklebers. Die Aufbringung kann über Tropfenauftrag oder Siebdrucken erfolgen und ist daher gut zu automatisieren. Die Aushärtung des Klebers erfolgt je nach Typ katalytisch, durch Wärme oder mit UV-Strahlung.

4.4 Sintern
4.4.1 Laminieren (Multilayer)

Im Gegensatz zu den bisher beschriebenen Verfahren erfolgt das Fügen nicht im gesinterten, harten Zustand der Keramik, sondern im sogenannten Grünzustand vor dem Sintern. Die Ausgangspulver und die Sinteradditive werden in wässriger oder organischer Phase dispergiert und in einer dünnen Schicht auf ein endloses Stahlband vergossen. Nach dem Trocknen erhält man eine flexible Folie, die vor dem Fügen weiterbearbeitet werden kann. Dabei kann es sich um weitere Formgebungsschritte handeln, wie z.B. Stanzen von Löchern, oder um das Aufbringen metallischer Schichten, wie z.b. Wolfram oder Molybdän. Erst danach werden die einzelnen Folien zu der gewünschten Endform zusammengefügt. Das Laminieren erfolgt unter Druck, um eine gute Adhesion der einzelnen Schichten zu gewährleisten. Unzureichende Prozeßparameter führen zu einem Verzug des Bauteils oder zur Delaminierung während des anschließenden Sinterns [12]. Bei metallhaltigen Laminaten ist eine sorgfältige Einhaltung der Sinterparameter erforderlich, um Rißbildung zwischen Metall und Keramik zu vermeiden.

Anwendung gefunden hat diese Technik vor allem bei der Herstellung von Multilayer Packages aus Al_2O_3 für hochintegrierte elektronische Schaltkreise (**Abb. 5**) und für Kreuzstromwärmetauscher aus SiSiC. Im ersten Fall übernimmt das Metall die Funktion der elektrischen Leiterbahnen. Nur dadurch, daß die Leiterbahnen auf verschiedenen Ebenen liegen, kann eine zufriedenstellende kompakte Verbindung zwischen Chip und Umgebung erreicht werden. Die Verbindung ist außerdem gas- und wasserdampfdicht.

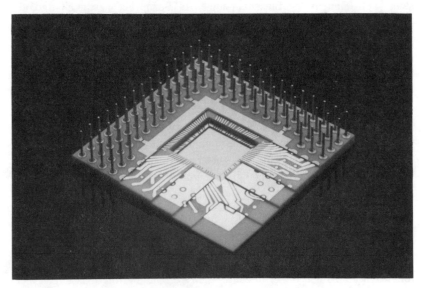

Abb. 5: Multilayer-Gehäuse mit metallisierten Leiterbahnen

In der kompakten Bauweise ist ebenfalls einer der Vorteile dieser Technik bei der Herstellung von Wärmetauschern zu sehen. Da die Formgebung im grünen Zustand erfolgt, kann praktisch jede gewünschte, den jeweiligen Medien angepaßte Geometrie verwirklicht werden (**Abb. 6**). Nach dem Sintern liegt das komplette Bauteil vor, ohne daß - wie bei anderen Herstellungsverfahren nötig - die gesinterten Einzelteile zu einem Aggregat zusammengefügt werden müssen.

Abb. 6: Wärmetauscher aus SiSiC in Kompaktbauweise, aufgebaut in Multilayertechnik

4.4.2 Garnieren

Analog zum oben vorgestellten Verfahren des Laminierens handelt es sich hier um eine Technik, bei der die Komponenten bereits vor dem Sintern gefügt werden. Im Gegensatz zum Laminieren liegen jedoch die Teile nicht in Form einer Folie vor sondern werden mit Hilfe eines speziellen Schlickers garniert, d.h. verklebt. Aufgrund der normalerweise ungünstigen Geometrien ist das Verfahren nur schlecht zu automatisieren.

5 Ausblick

Keramische Werkstoffe werden zukünftig weiter an Bedeutung gewinnen. Die Erschließung neuer Anwendungsgebiete wird jedoch in starkem Maß von der Entwicklung geeigneter Fügetechniken abhängen. Für eine Vielzahl von Anwendungen existieren bereits eine Fülle unterschiedlicher, in der Großserienfertigung bewährter Fügeverfahren. Durch ihre konsequente Weiterentwicklung als auch durch die Entwicklung neuer Verfahren wird es gelingen, die Anforderungen an zukünftige Fügeaufgaben zu erfüllen.

6 Literatur

[1] Burghardt, H., Krauth, A. und H.R. Maier:
Form- und kraftschlüssige Keramik-Metall-Verbindungen.
DVS-Berichte Band 66, (1980) 75/81
[2] N.N.:
Giesstechnische Erfahrungen mit Keramik-Portlinern in Alcan-Aluminium-Zylinderköpfen.
Aluminium, 64 (1988) 480/3
[3] Holowczak, J.E.; Greenhut, V.A. and D.J. Shanefield:
Effect of Alumina Composition on interfacial Chemistry and Strength of Direct Bonded Copper-Alumina.
Ceram. Eng. Proc., 10 (1989) 1283/94
[4] Yoshino, Y.:
Role of Oxygen in Bonding Copper to Alumina.
J. Am. Ceram. Soc., 72 [8] (1989) 1322/27
[5] Paschke, H.:
Die Anwendung von Glasloten.
DVS-Berichte Band 66, (1980)45/8
[6] Lugscheider, E. and M. Boretius:
Active Brazing of Silicon Carbide and Silicon Nitride to Steel using a Thermal-Stress Reducing Metallic Interlayer.
Proceedings of the 3rd Int. Conf. on Joining Glass and Metal, Bad Nauheim (FRG) (1989), 25/32
[7] Patten, D.O., Torti, M.L. and P.O. Charreyron:
Mechanical Behavior of Ceramic-Metal Braze Joints.
Ceram. Eng. Sci Proc. 10 (1989) 1866/78
[8] Meyer, A:
Zum Haftmechanismus von Molybdän-Mangan-Metallisierungsschichten auf Korundkeramik.
Ber. DKG H. 11 (1965) Bd. 42

[9] Twentyman, M.E. and P. Popper:
High Temperature Metallizing.
J. Mat. Sci. 10 (1975) 765/70
[10] Munz, D. and O.T. Iancu:
Residual Thermal Stresses in a Ceramic/Solder/Metal Multilayered Plate.
Proceedings of the 3rd Int. Conf. on Joining Glass and Metal, Bad Nauheim (FRG), (1989)
[11] Schäfer, W.:
Fügetechniken für Bauteile aus technischer Keramik.
Jahrbuch Technische Keramik, Vulkanverlag Essen 1988
[12] Stahl, O.R.:
Multilayer Ceramics.
Proceedings of the 2rd Int. Conf. on Joining Glass and Metal, Bad Nauheim (FRG) (1985), 233/39

FEM-Berechnung der Verbundspannungen in aktivgelöteten Keramik-Metall-Verbindungen

M. Magin [*] , H. R. Maier [*]

Zusammenfassung

Die FEM-Berechnung von Verbundspannungen in Keramik-Metall-Konstruktionen ist eine wichtige Grundlage zur Bauteiloptimierung und damit zur Erhöhung der Zuverlässigkeit solcher Bauteile. Bereits durchgeführte Rechnungen zeigen die Zweckmäßigkeit begleitender Labormessungen auf. Mit der Güte der Eingabedaten erhöht sich auch die Genauigkeit der Rechnungen. FEM-Berechnungen von Verbundspannungen müssen typische Merkmale wie nichtlineares Materialverhalten oder die Existenz singulärer Stellen berücksichtigen. Die zweckmäßige Behandlung dieser Eigenschaften in der FEM-Rechnung wird vorgestellt. Als Anwendungsbeispiel werden FEM-Berechnungen eines Verbunds aus Si_3N_4 (SSN) und Stahl 1.4301 mit Nickel- bzw. Wolfram-Zwischenschicht vorgestellt. Das Abkühlen während des Fügeprozesses ist quasistationär angenommen. Die Temperaturabhängigkeit der Materialdaten und das elastoplastische Materialverhalten der metallischen Fügepartner wird in der Rechnung in idealisierter Form berücksichtigt. Die Rechnungen zeigen, daß beide Zwischenschichtmaterialien die Spannungen in der Keramik reduzieren, wobei Wolfram in Verbindung mit Si_3N_4 die Spannungen stärker abbaut als Nickel. Bei Nickel basiert der Spannungsabbau auf der Duktilität von Nickel. Dieser Mechanismus hat zur Folge, daß die Verringerung der Spannungen relativ unabhängig von der Dicke der Zwischenschicht ist. Der tragende Mechanismus bei Wolfram ist die Minimierung der Ausdehnungsunterschiede zwischen Wolfram und Si_3N_4. Charakteristisch ist hier die Existenz von zwei Spannungsspitzen an den Grenzflächen Stahl-Wolfram und Wolfram-Si_3N_4. Die Spannungen in der Keramik werden minimal, wenn sich diese beiden Peaks nicht mehr gegenseitig beeinflussen. Eine Vergrößerung der Dicke der Zwischenschicht über ein gewisses Maß (hier: 4mm) hinaus hat daher keine wesentliche Reduzierung der Spannungen mehr zur Folge.

---

[*] Institut für keramische Komponenten im Maschinenbau, RWTH Aachen

1 Einführung

Für die Nutzung der vorteilhaften Eigenschaften keramischer Werkstoffe ist die zuverlässige Integration keramischer Komponenten in die Funktionsumgebung entscheidend. Daher kommt der Auswahl des bestgeeigneten Fügeverfahrens eine besondere Bedeutung zu, s. Ref. [1]. Technologisch attraktiv ist das Aktivlöten von Keramik mit Metall.

Zur Beurteilung der Zuverlässigkeit und Lebensdauer von Keramik-Metall-Verbunden ist die Kenntnis der Verbundspannungen[1] eine notwendige Voraussetzung. Zur Berechnung der Spannungen stehen analytische wie numerische Methoden zur Verfügung. Analytische Verfahren haben den Vorteil, daß sie insbesondere bei Lösungsansätzen mit linearelastischen Materialdaten rasche Ergebnisse liefern, die eine Aussage über die Beanspruchung des Verbunds durch das Fügen erlauben. Der Nachteil liegt darin, daß die bestehenden Lösungen nur einfache Spannungsverteilungen beschreiben und damit zwangsläufig auch nur einfache Bauteilgeometrien zulassen. Zur Ermittlung von Verbundspannungen in realen Bauteilen sind sie daher nur sehr begrenzt geeignet. Von den numerischen Rechenverfahren hat sich die Methode der finiten Elemente (FEM) etabliert. Der Nachteil nicht geschlossener Lösungen wird aufgewogen durch die hohe Flexibilität des Rechenverfahrens. In FEM-Rechnungen ist es grundsätzlich möglich, die Geometrie der Keramik-Metall-Verbunde, die Materialmodelle und die Parameter des Fügeprozesses in weiten Grenzen zu variieren.

Oft wird diese Flexibilität allerdings durch die Verfügbarkeit der notwendigen Eingabedaten eingeschränkt. Diese Eingabedaten sind

- Geometrie:
  Sie wird entweder im Vorfeld der Rechnungen festgelegt, z.B. in Abstimmung mit einem Versuchsprogramm, oder liegt in Form von Konstruktionszeichnungen vor.

---

[1] Als Verbundspannungen werden hier die Spannungen bezeichnet, die durch den Fügeprozeß, z.B. Löten, im Bauteil verursacht werden und bei Raumtemperatur vorliegen. Weitere mögliche Beanspruchungen können in Form von Temperaturfeldern und/oder mechanischen Belastungen auftreten.

- Materialdaten:
Zur Berechnung von Verbundspannungen sind zumindest die Werte von Elastizitätsmodul, Querkontraktionszahl und Wärmeausdehnungskoeffizient nötig. Diese Daten reichen zu einer Abschätzung mit linearem Lösungsansatz aus. Die Ergebnisse einer solchen Abschätzung werden aufgrund der vorliegenden Erfahrungen als unzureichend eingestuft.

Schon erste FEM-Berechnungen von Keramik-Metall-Verbunden, z.B. [2], zeigten, daß in diesen Verbunden so hohe Spannungen auftreten, daß die Fließgrenzen der beteiligten metallischen Fügepartner überschritten werden. Daher sind für diese Materialien zusätzlich die Kennwerte zu bestimmen, die das nichtlineare Materialverhalten beschreiben (z.B. Fließgrenze, Bruchspannung, Bruchdehnung). Wenn beabsichtigt ist, die Temperaturverteilung innerhalb des Verbunds zu berücksichtigen, so sind zusätzlich die thermischen Kennwerte der Materialien (Wärmekapazität, Wärmeleitfähigkeit usw.) zu ermitteln. Die Genauigkeit der Rechnung wird weiterhin verbessert, wenn die Temperaturabhängigkeit dieser Daten bekannt ist.

- Belastungsdaten:
Die Belastungen eines Keramik-Metall-Verbunds können in mechanische und thermische Belastungen unterteilt werden. Für die Berechnung von Verbundspannungen bei Raumtemperatur ist die Kenntnis der thermischen Belastungen durch den Fügeprozeß ausreichend.

Wird von einer quasistationären Abkühlung des Verbunds ausgegangen, so reicht es aus, das Temperaturintervall anzugeben, in dem sich die Spannungen aufbauen können. Die untere Grenze ist allgemein die Raumtemperatur, die obere die Solidustemperatur des Lots. Soll die reale Temperaturverteilung während des Fügeprozeß mit berücksichtigt werden, so sind die Ofentemperaturen in Abhängigkeit der Zeit zu ermitteln. Unter Umständen kann die Temperaturverteilung im Bauteil nicht auf der Grundlage der bekannten thermischen Kennwerte ermittelt werden bzw. diese Kennwerte sind nicht bekannt. In diesem Fall sind dann Temperaturmessungen an einem geeignet präparierten Probenkörper durchzuführen. Die Anzahl und

Lage der Meßstellen ist der erwarteten Temperaturverteilung entsprechend vorzugeben.

Wenn zusätzlich zu den Verbundspannungen die Beanspruchungen im Betriebszustand berechnet werden sollen, so sind die entsprechenden thermischen und/oder mechanischen Belastungen vorzugeben.

Der verbesserte Vertrauensbereich der Ergebnisse rechtfertigt den erhöhten Laboraufwand zur Bestimmung der Eingabedaten.

Die FEM-Berechnungen von Keramik-Metall-Verbunden müssen das nichtlineare Materialverhalten berücksichtigen, d.h. auch die Berechnung muß nichtlinear sein. Das bedeutet, daß die "Belastungsgeschichte" einen maßgeblichen Einfluß auf die Ausbildung der Spannungen hat. Im Gegensatz zu linearen Rechnungen ist es hier nicht egal, in welcher Reihenfolge Belastungen aufgebracht werden, Ref. [3,4]. Um eine sinnvolle Aussage zu erhalten, muß die Reihenfolge der Belastungen, wie sie in der Realität vorgegeben ist (z.B. zuerst Fügeprozeß und erst dann 4-Punkt-Biegeprüfung), auch bei der Computersimulation eingehalten werden.

Bisherige Veröffentlichungen zum Thema FEM-Berechnung von Keramik-Metall-Verbunden beschäftigen sich zumeist mit der Klärung grundlegender Fragen. Dazu zählen Fragen wie die Beurteilung verschiedener Materialkombinationen oder die Verteilung der Spannungen in verschiedenen Keramik-Metall-Verbunden. Um diese Fragen zu behandeln, reichen FEM-Modelle mit einfacher Geometrie und quasistionärer Abkühlung völlig aus. Rundproben erlauben aufgrund ihrer Axialsymmetrie die Vereinfachung auf ein zweidimensionales FEM-Modell.

Selbst einfache Modelle haben einen hohen Rechenaufwand. Eine Erweiterung auf komplexere Geometrien, die dreidimensionale FEM-Modelle zur Folge haben, oder auf zeitabhängige Probleme (z.B. reales Abkühlverhalten) hat eine Vervielfachung der Rechenzeiten zur Folge. Eine der Hauptursachen für die langen Rechenzeiten ist die typische Spannungsverteilung in Keramik-Metall-Verbunden. An geometrischen Unstetigkeiten wie Kanten oder an unstetigen Materialübergängen, treten Spannungsspitzen auf. In Abhängigkeit von den vorhandenen Randbedingungen sind diese Stellen singulär, vergl. dazu auch Ref.[5]. Um diese Spannungsspitzen mit hinreichender Genauigkeit erfassen zu können, muß das FEM-Netz in diesen Bereichen sehr fein diskretisiert sein. Außerhalb dieser Stellen kann die Netzstruktur vergröbert werden. Für die Optimierung der FEM-Netze hinsichtlich Knotenzahl, minimaler Rechenzeit und hinreichender Genauigkeit existieren verschiedene Ansätze.

Einige kommerzielle FEM-Programme z.b. ANSYS gehen von zwei Berechnungen aus. Dazu wird zunächst ein Modell mit grobem Netz, das die gesamte Geometrie des Keramik-Metall-Verbunds umfaßt, erstellt und berechnet. Daran anschließend wird ein hinreichend feines FEM-Netz generiert, das allerdings nur den interessierenden Bereich mit den Spannungsspitzen umfaßt. Unter Einbeziehung der Ergebnisse des groben Netzes ist es nun möglich, die Spannungen in diesem Ausschnitt der Gesamtstruktur zu berechnen. Dieser Ansatz verbindet minimierte Rechenzeiten mit einer ausreichenden Genauigkeit der Ergebnisse. Existieren mehrere Bereiche mit hohen Spannungsgradienten, so können entsprechend viele dieser Rechnungen nacheinander erfolgen.

2 Berechnung von Verbundspannungen am Beispiel von Si_3N_4-Stahl Verbunden mit Nickel- und Wolfram-Zwischenschichten.

2.1 Aufbau des FEM-Modells

Gefügt wurden Rundproben mit den Maßen ϕ 10mm x 50mm. Aufgrund der vorliegenden Geometrie und des symmetrischen Spannungszustands wurden die FEM-Modelle auf den zweidimensionalen, axialsymmetrischen Fall vereinfacht. Die Hauptfügepartner waren Si_3N_4 (SSN) und CrNi-Stahl vom Typ 1.4301. Zur Minimierung der Spannungen wurde zwei Zwischenschichtmaterialien, Nickel (duktiles Verhalten) und Wolfram (im Wärmeausdehnungskoeffizienten an Si_3N_4 angepaßt), untersucht. Variiert wurde die Dicke der Zwischenschichten.

Die oben beschriebene Methode zur Trennung des Problems ist in **Abb. 1** veranschaulicht.

Für alle metallischen Fügepartner wurde elastoplastisches Verhalten berücksichtigt. Die Temperaturabhängigkeit der Kennwerte wurde, soweit aus der Literatur bekannt, berücksichtigt. **Tab. 1** zeigt die relevanten Raumtemperatur-Materialdaten.

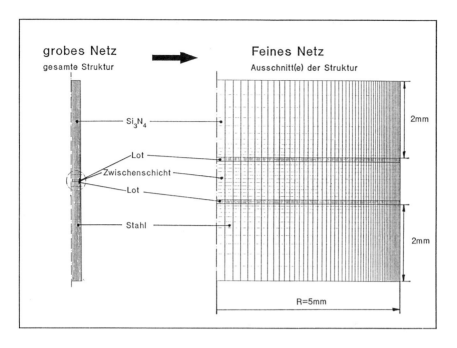

Abb. 1: Finite Elemente Netze für die Spannungsberechnung von grobem und feinem Netz

Material	E-Modul [GPa]	Poissonzahl [-]	α [10^{-6} K^{-1}]	$R_{p0.2}$ [MPa]
Si$_3$N$_4$ (SSN)	310	0,28	2,5	--
Stahl (1.4301)	200	0,3	16	195
Wolfram	389	0,3	4,15	550
Nickel	208	0,3	13,3	74
Lot	83	0,36	18,5	271

Tab. 1: Verwendete Materialdaten bei Raumtemperatur

Das elastoplastische Materialverhalten wurde in Form von bilinearen σ-ε Kennlinien idealisiert (**Abb. 2**). Das Verhältnis der beiden Kurvensteigungen, d.h. das Verhältnis Tangenten- zu Elastizitätsmodul, lag bei 5% (Ausnahme war Nickel, hier mußte das Verhältnis auf 10% angehoben werden). Ein kleineres Verhältnis führte zu unzureichender Konvergenz der Berechnung.

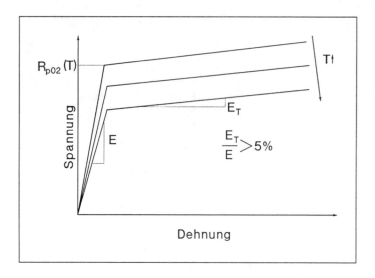

Abb. 2: Idealisiertes Spannungs-Dehnungs Verhalten der metallischen Fügepartner

Die FEM-Rechnungen wurden dem nichtlinearen Materialverhalten angepaßt. Hierzu wurde das Temperaturintervall $T_{sol} - T_{RT} = 980°C$ in 8 bis 28 Temperaturschritte unterteilt. In jedem dieser Intervalle führte das Programm 5-15 Iterationen durch. Die Anzahl der Bereiche und Iterationen, die zur sicheren Konvergenz der Rechnungen nötig war, variierte sehr stark mit dem verwendeten Zwischenschichtmaterial und der Zwischenschichtdicke. Eine Anpassung muß für jede Rechnung neu erfolgen.

2.2 Beurteilung der Effektivität von Nickel- und Wolfram-Zwischenschichten

Durch den Einsatz von Ni- und W-Zwischenschichten wird eine Verringerung der Spannungen im Si_3N_4 erreicht. Der Spannungsabbau beruht auf unterschiedlichen Mechanismen.

Die niedrige Fließgrenze von Nickel ermöglicht den Abbau von Spannungsspitzen durch plastische Verformung; der relativ niedrige E-Modul unterstützt den Spannungsabbau.

Der tragende Mechanismus bei Wolfram geht auf die Annäherung der Wärmeausdehnungskoeffizienten von Wolfram und Si_3N_4 zurück. Die Dehnungsunterschiede zwischen der Keramik und der Wolfram-Zwischenschicht werden gering gehalten. Dementsprechend bauen sich dort auch keine großen Spannungen auf. Der größere Dehnungsunterschied mit entsprechenden Spannungsspitzen tritt an der Grenzfläche Wolfram-Stahl auf. Durch eine hinreichende Dicke der Zwischenschicht können diese Spannungen so weit abgebaut werden, daß sie keinen relevanten Einfluß mehr auf die Spannungen im Si_3N_4 haben. Zusätzlich werden die Spannungsspitzen insbesondere durch das plastische Verhalten des Stahls abgebaut

Abb. 3a+3b zeigen die zwangsfreien Dehnungsunterschiede und die mögliche Verformung des Verbunds in qualitativer Form. **Abb. 4** zeigt die Auswirkung von Nickel- und Wolfram-Zwischenschichten unterschiedlicher Dicke auf die maximalen Zugspannungen in der Keramik.

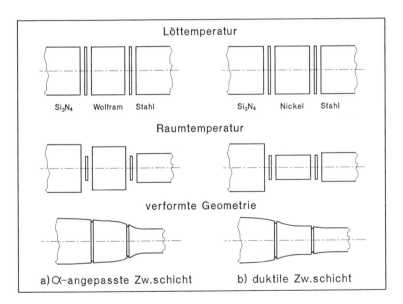

Abb. 3: Einfluß unterschiedlicher Materialpaarungen auf die Verformung des Verbunds (qualitativ)

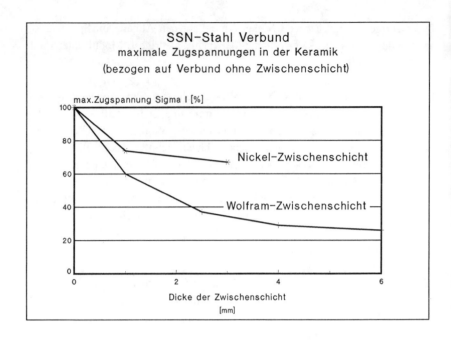

Abb. 4: Maximale Zugspannungen in der Keramik, Einfluß der Zwischenschichten

Eine Nickel-Zwischenschicht verringert die Spannungen auf ca. 70%. Eine Variation der Schichtdicke hat nur sekundären Einfluß. Der Grund für dieses Verhalten liegt in der Verteilung der Zugspannungen am Außenrand der Probe. **Abb. 5** verdeutlicht dies. Die Abbildung zeigt, daß die maximalen Zugspannungsspitzen an der Grenze zwischen Si_3N_4 und Nickel auftreten. Die zweite Spannungsspitze an der Grenzfläche Stahl-Nickel ist aufgrund der geringen Differenz der Wärmeausdehnungskoeffizienten der Fügepartner Stahl, Nickel und dem Lot vernachlässigbar klein. Eine Variation der Dicke der Nickelschicht verändert nicht die Lage der Maximalspannungen. Die Spannungsspitze an der Grenzfläche Stahl-Nickel hat wegen ihrer geringen Größe keinen entscheidenden Einfluß auf die Spannungen in der Keramik. Daher wird die Spannung in der Keramik nur geringfügig durch die Dicke der Nickelschicht beeinflußt. Entscheidend für die Verringerung der Spannungen sind beim Einsatz von Nickel-Zwischenschichten die Höhe der Fließgrenze von Nickel und die Differenz der Wärmeausdehnungskoeffizienten von Nickel und Si$_3$N$_4$.

Im Gegensatz zu Nickel ist der Einfluß der Schichtdicke bei Wolfram wesentlich. Wie Abb. 4 zeigt, werden durch eine Wolfram-Schicht die Zugspannungen stärker abgebaut als bei einer gleich dicken Nickel-Schicht. Je dicker die Schicht ist, umso größer ist der Abbau der Spannungen.

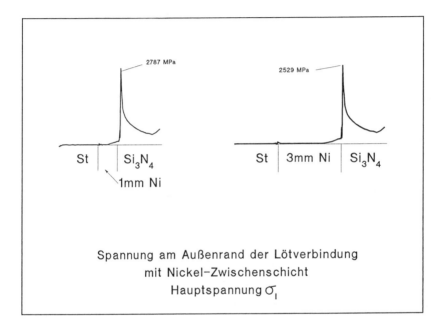

Abb. 5: Verteilung der maximalen Zugspannung am Außenrand des Verbunds, Einfluß der Dicke der Ni-Schicht

Abb. 6 verdeutlicht den Mechanismus, der hier zum Spannungsabbau führt. Bei Verwendung der α-angepassten Zwischenschicht treten die großen Verformungsunterschiede zwischen Stahl und Wolfram auf. Daher befindet sich an dieser Stelle eine entsprechend hohe Spannungsspitze. Analog zum vorigen Fall existiert eine zweite Spannungsspitze an der Grenzfläche Si$_3$N$_4$-Wolfram. Aufgrund der geringeren Differenz der Wärmeausdehnungskoeffizienten ist diese entsprechend kleiner. Diese beiden Spannungsspitzen beeinflussen sich gegenseitig, wenn die Dicke der Zwischenschicht geringer ist als die Abklinglänge der beiden Peaks. Bei Dicken von 1 und 2.5mm beeinflussen sich die beiden Peaks noch gegenseitig, bei 6mm ist diese Wechselwirkung weitestgehend verschwunden. Die Spannung in der Keramik wird minimal, wenn sich die Spannungsspitzen nicht mehr beeinflussen, d.h. die Schichtdicke größer ist als die Abklinglänge. Der Fall der vollständigen Entkopplung der beiden Peaks entspricht einem SSN-Wolfram Verbund.

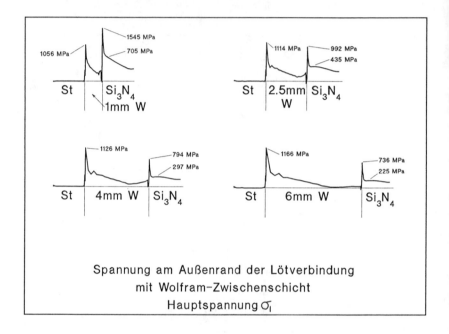

Abb. 6: Verteilung der maximalen Zugspannung am Außenrand des Verbunds, Einfluß der Dicke der W-Schicht

Da in realen Anwendungen die Zwischenschicht nicht beliebig dick werden kann, ist die technisch optimale Zwischenschichtdicke durch Rechnungen und/oder Versuche zu bestimmen.

Das errechnete Spannungsniveau ist mit oder ohne Zwischenschichten so hoch, daß die Verbunde schon allein durch das Fügen versagen müßten. Zur genaueren Beurteilung der Güte der Verbunde sind die Spannungen in der Keramik gemäß Weibull Statistik auszuwerten. Dies wurde exemplarisch für den Verbund mit 1mm Wolframschicht durchgeführt. Berücksichtigt wurden nur die finiten Elemente in der Keramik, die in unmittelbarer Nähe zur singulären Stelle lagen. Nach Angaben des Herstellers betrug die Raumtemperaturfestigkeit σ_{b4} des SSN 709 MPa, der Weibullmodul m betrug 14. **Abb. 7** zeigt die errechneten Überlebenswahrscheinlichkeiten der einzelnen Elemente.

Es ist zu erkennen, daß die Überlebenswahrscheinlichkeit der Einzelelemente mit zunehmender Entfernung zur singulären Stelle rasch ansteigt. In unmittelbarer Nähe zur Singularität ist die Überlebenswahrscheinlichkeit für das Element mit 1545 MPa noch 98.86%. Die geringe Ausfallwahrscheinlichkeit im Singularitätsbereich wird durch die begleitenden Versuche[2] bestätigt: keine der gelöteten Proben versagte bei Raumtemperatur ohne äußere Belastung.

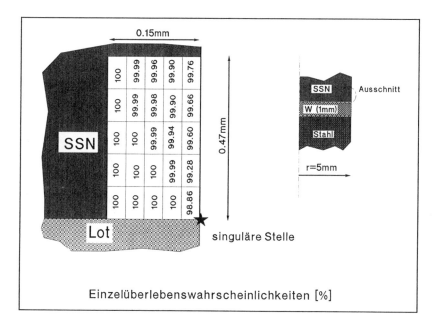

Abb. 7: SSN-4mmWolfram-Stahl Verbund, Einzelüberlebenswahrscheinlichkeit (in %) der Elemente in der Keramik

---

2 Die Versuche wurden vom Lehr- und Forschungsgebiet Werkstoffwissenschaften, RWTH Aachen durchgeführt

Stichproben bei den anderen Verbunden ergaben eine geringere Übereinstimmung zwischen Rechnung und Messung. Dies bedeutet, daß einerseits das Niveau der aufgrund der vorliegenden Annahmen berechneten Spannungsspitzen noch unrealistisch hoch ist und/oder andererseits die Übertragung der Weibull-Theorie auf extrem kleine Elemente nicht vertretbar ist. Es erscheint unumgänglich, verfeinerte Materialgesetze programmtechnisch umzusetzen und versuchstechnisch unter Berücksichtigung von statistischen Effekten zu verifizieren.

3 Literatur

[1] Maier, H.R.:
Fügen von keramischen Bauteilen mit Elementen aus gleichen oder anderen Werkstoffen.
DKG-Seminar "Konstruieren mit keramischen Werkstoffen"; 25./26. April 1988, Hannover Messe Industrie

[2] Suga, T. and G. Elssner:
Characterization of Strength of Ceramic-to-Metal Joints

[3] Müller, G., Groth, C. et. al.:
Nichtlineare Berechnungen mit ANSYS - Theoretische Grundlagen.
Schriftl. Seminarunterlagen, Dez. 1990, Ebersberg

[4] Bathe, K.-J.:
Finite-Elemente-Methoden.
Springer Verlag, 1986

[5] Iancu, O.T.:
Berechnung von thermischen Eigenspannungsfeldern in Keramik-Metall-Verbunden.
Diss. Uni. Karlsruhe, 1989, erschienen im VDI-Verlag

Aktivlöten von Hochleistungskeramik

W. Weise *

Zusammenfassung

Keramische Werkstoffe sind korrosions- und verschleißbeständig und weisen zum Teil hervorragende Hochtemperaturfestigkeiten auf. In einigen Anwendungsfällen ist der hohe thermische und elektrische Widerstand keramischer Werkstoffe von Bedeutung.

Für die Nutzung der Vorteile der keramischen Werkstoffe für technische Anwendungen ist häufig eine Verbindung der Keramik mit metallischen Werkstoffen erforderlich.

In diesem Beitrag wird die Verbindungstechnik durch Löten vorgestellt, insbesondere das Aktivlöten keramischer Werkstoffe mit Metallen. Der Benetzungsmechanismus, der Lötprozeß, experimentelle und analytische Ergebnisse der Messung und Berechnung innerer Spannungen in der Keramik werden beschrieben.

Die Rolle der inneren Spannungen sowie die der Grenzfläche des Metall-Keramik-Verbundes werden im Hinblick auf verschiedene Anwendungsfälle diskutiert.

1 Einleitung

Keramische Werkstoffe sind korrosions- und verschleißbeständig und zeigen hervorragende Hochtemperatureigenschaften. Viele Keramiken weisen einen hohen thermischen und elektrischen Widerstand auf. Diese häufig den Metallen überlegenen Eigenschaften machen die Keramik interessant für die Anwendung z. B. im Automobilbau, allgemeinen Maschinen- und Anlagenbau, in der elektrischen- und Elektronikindustrie, in der Sensortechnik und in der Werkzeugindustrie. Um die Eigenschaften keramischer Werkstoffe tech-

---

* Degussa AG, Hanau

nisch zu nutzen, ist in den meisten Fällen eine Verbindung der Keramik mit metallischen Werkstoffen erforderlich.

Aufgrund der unterschiedlichen physikalischen Eigenschaften von Keramik und Metall, insbesondere durch den Unterschied des thermischen Ausdehnungskoeffizenten von Keramik und Metall und aufgrund des unterschiedlichen Benetzungsverhaltens von keramischen und metallischen Werkstoffen ist das Verbinden von Keramik mit Metall eine verhältnismäßig schwierige Aufgabe. Neben dem Erzielen einer guten Benetzung und der daraus resultierenden guten Haftfestigkeit ist das Minimieren von thermischen Spannungen ein weiteres Ziel bei der Verbindungstechnik Metall-Keramik.

Als zuverlässiges und wirtschaftliches Verfahren für das Verbinden von Keramik mit Metallen ist das Aktivlöten anzusehen. In dieser Arbeit wird gezeigt, daß ZrO_2, Al_2O_3, Si_3N_4 und andere Keramiken zuverlässig durch Aktivlöten verbunden werden können. Dabei spielen die Grenzfläche zwischen Keramik und Lot und die durch den Lötprozeß entstehenden thermischen Spannungen eine entscheidende Rolle.

2   Löten von metallisierter Keramik

In der Elektrotechnik ist das Löten von metallisierter Al_2O_3-Keramik weit verbreitet. Zunächst wird dabei auf die Keramikoberfläche eine Mn-Mo-Metallisierungspaste durch Siebdrucken aufgebracht und anschließend bei hohen Temperaturen unter definierter Wasserstoffatmosphäre "eingebrannt". Zur Verbesserung der Benetzung wird diese Schicht galvanisch vernickelt.

Die so metallisierte Schicht kann mit konventionellen Hartloten z. B. AgCu-Eutektikum gelötet werden. Das Metallisieren von Keramik ist technisch anspruchsvoll und wird fast ausschließlich für Aluminiumoxid verwendet.

3   Direktlöten von Keramik mit Aktivloten

Das Aktivlöten von Keramik erfordert im Gegensatz zu dem Löten metallisierter Keramik nur einen Verfahrensschritt. Desweiteren können mit Aktivloten nahezu alle Keramiken wie ZrO_2, Si_3N_4, SiC, Graphit und sogar Diamant gelötet werden. Aktivlote enthalten üblicherweise geringe Anteile an Titan, welches für die Benetzung der Keramik erforderlich ist. Dabei wird die hohe Affinität von Titan zu Sauerstoff, Kohlenstoff und Stickstoff ausgenutzt.

Lot	Zusammensetzung [Gew.-%]				Schmelz-bereich [°C]	Löt-temp. [°C]	Grund-werkstoffe
	Ag	Cu	In	Andere			
CB1	75	20	5		akti-viert mit Ti-tan	730-760	850-950	Keramiken, Keramik-verbindungen Graphit und Diamant Siliziumnitrid
CB2	100	--	--			970	1000-1050	
CB4	72,5	27,5	--			780-805	850-950	
CB5	65	35	--			770-810	850-950	
CB6	99	--	1			948-959	1000-1050	
CS1	10,5	--	--	89,5 Sn		221-300	850-950	Keramiken, Graphit, Glas
CS2	--	--	4	96 Pb		320-325	850-950	

Tab. 1: Zusammensetzung verschiedener Aktivlote

Tabelle 1 zeigt die chemische Zusammensetzung von verschiedenen kommerziell erhältlichen Aktivloten. Für die entsprechenden Anwendungsfälle muß das am besten geeignete Lot verwendet werden und die Lötparameter und die konstruktive Gestaltung des zu verbindenden Bauteils müssen optimiert werden. Im allgemeinen führen höhere Titangehalte und höhere Löttemperaturen zu besserem Benetzungsverhalten und Aktivlote mit höherem Silbergehalt sind sehr duktil und können daher die thermischen Spannungen durch plastische Verformung zu einem großen Teil abbauen.

Die Lote CS1 und CS2 sind Sn- und Pb-haltige Aktivlote, die eine extrem hohe Duktilität aufweisen. Die Festigkeitswerte von mit CS1 und CS2 gelöteten Verbindungen liegen in der Größenordnung von Weichlötverbindungen. Der Vorteil dieser Lote liegt darin, daß mit diesen Loten keine zusätzlichen Spannungen in der Keramik durch den Lötprozeß erzeugt werden. Zum Erreichen einer guten Benetzung sind Löttemperaturen von 850 - 950 °C erforderlich.

3.1 Benetzungsmechanismus

Zur Benetzung der Keramik wird den Loten Titan zulegiert. Während des Lötprozesses diffundiert das Titan zur Keramik und bildet dort z.B. im Fall von Oxidkeramik, Titanoxide und -suboxide an der Grenzfläche zur Keramik. Diese Benetzungsreaktion führt an der Grenzfläche Keramik/Lot zur Bildung einer sogenannten Reaktionszone. An der Grenzfläche zur Keramik wird eine titanhaltige Reaktionszone beobachtet. Thermodynamische Überlegungen haben gezeigt [1,2], daß Titan z. B. Al_2O_3-Keramik benetzen kann, obgleich Al_2O_3 thermodynamisch stabiler ist als TiO. Legierungselemente wie Indium [1] oder Silber [2] beeinflussen die Aktivität des Titans.

Beim Aktivlöten von Oxidkeramik wird an der Grenzfläche zur Keramik Titanoxid gebildet [3]. Beim Löten von Siliziumkarbid wird an der Grenzfläche TiC und beim Löten von Si_3N_4 werden an der Grenzfläche TiN und verschiedene Titansilicide [4] analysiert. Im folgenden sind Beispiele für mögliche Benetzungsreaktionen an Oxid-, Karbid- und Nitridkeramik beschrieben:

<u>Oxidkeramik</u>

$$Al_2O_3 + 3\,Ti \longrightarrow 3\,TiO + 2\,Al$$

<u>Nitridkeramik</u>

$$Si_3N_4 + 7\,Ti \longrightarrow 4\,TiN + 3\,TiSi$$
$$(Ti_5Si_3,\ TiSi_2)$$

<u>Karbidkeramik</u>

$$SiC\ \ + 2\,Ti \longrightarrow\ TiC\ \ + TiSi$$

3.2 Lötverfahren

<u>Lötatmosphäre</u>

Das Löten von metallisierter Keramik erfolgt üblicherweise unter N_2/H_2-Atmosphäre oder unter Vakuum.

Aktivlote hingegen müssen unter Vakuum von besser als 1×10^{-4} mbar oder unter Argon (99,998) [5] gelötet werden. **Abb. 1** zeigt die Ergebnisse von

Festigkeitsmessungen an ZrO$_2$/Stahl-Verbindungen, die mit CB4 unter verschiedenen Lötatmosphären gelötet wurden. Ein zunehmender H$_2$-Gehalt in der Lötatmosphäre führt zu einer dramatischen Verringerung in der Festigkeit. Dies wird auf die Reaktion des Titans mit Wasserstoff zurückgeführt. Argon, Vakuum und überraschenderweise N$_2$ führen zu sehr guten Festigkeiten der Verbindungen. Die optimalen Lötatmosphären sind Argon und Vakuum. Aufgrund der Reaktivität des Titans mit Stickstoff wird N$_2$ als Lötatmosphäre nicht empfohlen. Wie Abb. 1 zeigt, können bei flächigen Lötverbindungen dennoch gute Festigkeiten erzielt werden. Stickstoff verschlechtert jedoch die Benetzung, was sich bei flächigen Lötverbindungen nur im Randbereich bemerkbar macht. Aktivgelötete Verbindungen unter Argon oder Vakuum zeigen eine deutlich besser ausgebildete Hohlkehle als unter N$_2$ aktivgelötete Verbindungen.

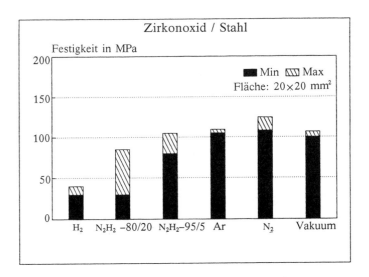

Abb. 1: Scherfestigkeiten von ZrO$_2$/Stahl-Verbindungen
Lot: Degussa CB4

Löttemperatur

Der Einfluß der Löttemperatur auf die Festigkeit von ZrO$_2$/Stahl-Verbindungen zeigt **Abb. 2**. Bei Lötungen mit dem Aktivlot Degussa CB4 ist eine Löttemperatur von 850 °C für das Erzielen einer guten Benetzung und hohen Scherfestigkeit erforderlich. Eine Erhöhung der Löttemperatur verbessert die

Benetzung. Höhere Löttemperaturen zeigen tendenziell höhere Festigkeitswerte. Diese Ergebnisse können auf die Aktivlote CB1 und CB5 übertragen werden. Für das Löten mit den hochsilberhaltigen Loten CB2 und CB6 sind entsprechend höhere Löttemperaturen erforderlich.

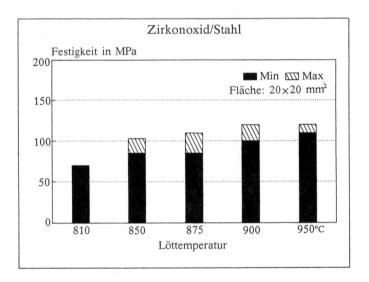

Abb. 2: Scherfestigkeit von ZrO$_2$/Stahl-Verbindungen
Lot: Degussa CB4

3.3 Einfluß des Titangehaltes auf die Eigenschaften des Lötverbundes

In Kapitel 3.1 wurde beschrieben, daß für unterschiedliche Keramiken Reaktionszonen mit unterschiedlichen chemischen Zusammensetzungen entstehen können. Die Eigenschaften dieser Reaktionszonen und deren Dicken können einen erheblichen Einfluß auf die Eigenschaften der Lötverbindung ausüben [6,7]. Der Grund dafür liegt darin, daß die Reaktionsprodukte, z. B. Titanoxid und Titannitrid, unterschiedliche thermische Ausdehnungskoeffizienten besitzen als z. B. die Keramiken Al$_2$O$_3$ und Si$_3$N$_4$, an deren Grenzfläche diese Reaktionszonen gebildet werden [8]. Dadurch wird die Größe der Verschiebungen an der Grenzfläche Keramik/Reaktionszone beeinflußt.

Neben den Eigenschaften der Grenzflächen haben natürlich auch die physikalischen Eigenschaften der Keramik selbst einen Einfluß auf die Höhe von Spannungen und damit auf die Eigenschaften des Verbundes [9,10]. Einige wichtige physikalische Eigenschaften sind für verschiedene Keramiken in **Tabelle 2** dargestellt.

	ZrO_2	Al_2O_3-Dispersionskeramik	Si_3N_4
Ausdehnungskoeffizient $[10^{-6}K^{-1}]$	11	8	2-4
E-Modul [GPa]	210	400	280
Biegebruchfestigkeit [MPa]	520[1)] 950[2)]	600	750

1) MgO-dotiert; 2) Y_2O_3-dotiert

Tab. 2: Physikalische Eigenschaften verschiedener Keramiken

Im Vergleich zu den thermischen Ausdehnungskoeffizenten der Keramiken, dargestellt in Tabelle 2, haben die möglicherweise an der Reaktionszone gebildeten Verbindungen TiO und TiN folgende thermischen Ausdehnungskoeffizenten:

TiO	$9,0 \times 10^{-6}$ K^{-1}
TiN	$9,4 \times 10^{-6}$ K^{-1}

Im folgenden werden die Benetzungs- und Festigkeitseigenschaften an Verbindungen von ZrO_2, Al_2O_3-Dispersionskeramik und Si_3N_4 beschrieben.

ZrO_2

Abb. 3 zeigt den Querschliff einer mit Degussa CB2 gelöteten ZrO_2/Stahl-Verbindung. An der Grenzfläche zur Keramik wird eine homogene und gut ausgebildete Reaktionszone beobachtet. Diese Reaktionszone ist ca. 20 µm dick. Unter der Annahme, daß die Reaktionzone vollständig aus TiO besteht, besteht in diesem Fall zwischen ZrO_2 und TiO ein vergleichsweise geringer Unterschied der thermischen Ausdehnungskoeffizienten von ca. 2×10^{-6} K^{-1}.

Abb. 3: Querschliff einer mit Aktivlot Degussa CB2 gelöteten ZrO$_2$/Stahl-Verbindung

Die dadurch entstehenden Spannungen im mikroskopischen Bereich sind wahrscheinlich unkritisch auf Grund der hohen Festigkeit von ZrO$_2$ und des plastischen Formänderungsvermögens des Lotes. Entsprechend des geringen Unterschiedes der thermischen Ausdehnungskoeffizenten von ZrO$_2$ und ferritischem Stahl sind zudem die makroskopisch, d. h. die kontinuumsmechanisch zu betrachtenden Spannungen des Verbundes vergleichsweise gering. Ferritischer Stahl besitzt einen thermischen Ausdehnungskoeffizienten von ca. 12×10^{-6} K^{-1} (ZrO$_2$: 11×10^{-6} K^{-1}!). Daraus kann geschlossen werden, daß die Verschiebungen, die in der Grenzfläche entstehen durch die plastische Verformung des Lotes aufgefangen werden können.

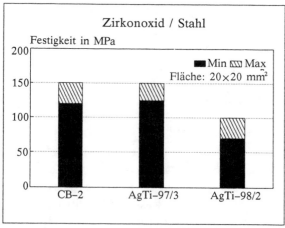

Abb. 4: Einfluß des Titangehaltes auf die Festigkeit von aktivgelöteten ZrO$_2$/Stahl-Verbindungen

Der Einfluß des Titangehaltes auf die Festigkeit von ZrO$_2$/Stahl-Verbindungen ist in **Abb. 4** zu sehen. Zum Löten von ZrO$_2$ sind mindestens 3 % Titan für das Erreichen einer guten Festigkeit erforderlich.

Al$_2$O$_3$-Dispersionskeramik

Verglichen mit ZrO$_2$ zeigt die Al$_2$O$_3$-Dispersionskeramik einen höheren E-Modul und einen geringeren thermischen Ausdehnungskoeffizenten (vgl. Tabelle 3). Beim Löten von Al$_2$O$_3$-Dispersionskeramik mit ferritischem Stahl werden dadurch höhere Spannungen in der Keramik erzeugt. Experimente haben gezeigt, daß zum Erreichen eines hochfesten und zuverlässigen Verbundes ein Titangehalt von weniger als 4 % für den Fall der Verwendung von binären AgTi-Loten erforderlich ist. **Abb. 5** zeigt die Ergebnisse von Scherfestigkeitsmessungen an Al$_2$O$_3$/Stahl-Verbindungen, die mit verschiedenen AgTi-Loten gelötet wurden. Im Vergleich zu ZrO$_2$ werden bereits mit geringeren Titan-Gehalten gute Scherfestigkeiten erzielt. Dies läßt auf ein unterschiedliches Benetzungsverhalten schließen [11,12].

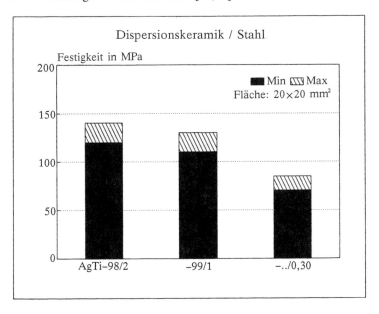

Abb. 5: Einfluß des Titangehaltes auf die Festigkeit von aktivgelöteten Al$_2$O$_3$-Dispersionskeramik/Stahl-Verbindungen

Abb. 6 zeigt den Querschliff einer mit AgTi2 gelöteten Al$_2$O$_3$-Dispersionskeramik/Stahl-Verbindung. Der niedrigere Titangehalt führt zu einer Reaktionszone mit einer Dicke von ca. 5 µm.

Abb. 6: Querschliff einer mit Aktivlot AgTi2 gelöteten Al$_2$O$_3$-Dispersionskeramik/Stahl-Verbindung; Löttemperatur: 1030 °C

<u>Si$_3$N$_4$</u>

Der thermische Ausdehnungskoeffizient von Siliziumnitrid beträgt je nach Qualität 2-4 x 10^{-6} K^{-1} und ist damit deutlich niedriger als der von ZrO$_2$ oder Al$_2$O$_3$. Dies führt beim Löten von Si$_3$N$_4$ mit ferritschem Stahl zu höheren Spannungen im Verbund. Das Minimieren der thermischen Spannungen bei gleichzeitigem Erzielen hoher Festigkeiten stellte daher besondere Anforderungen an die Verbindungstechnik.

Abb. 7 zeigt die Scherfestigkeitswerte von Verbindungen die mit Degussa CB2, AgTi1 und Degussa CB6 gelötet wurden. Mit dem Lot CB2 wird praktisch keine Scherfestigkeit erreicht, während das AgTi-Lot mit geringerem Titangehalt bereits zu Scherfestigkeiten von ca. 100 MPa führt. Das neu entwickelte Aktivlot Degussa CB6, eine AgInTi-Legierung, zeigt hervorragende Festigkeitswerte und führt zudem zu niedrigen Spannungen im Verbund.

Abb. 8 zeigt einen Querschliff einer mit Degussa CB2 gelöteten Si$_3$N$_4$/Stahl-Verbindung. An der Grenzfläche zur Keramik wird eine Trennung von Keramik und Reaktionszone beobachtet. Die Reaktionszone hat eine Dicke von ca. 10 µm. Dadurch sind die niedrigen Festigkeiten (Vgl. Abb. 7) zu erklären. Den

Querschliff einer mit Degussa CB6 gelöteten Si$_3$N$_4$/Stahl-Verbindung zeigt **Abb. 9**.

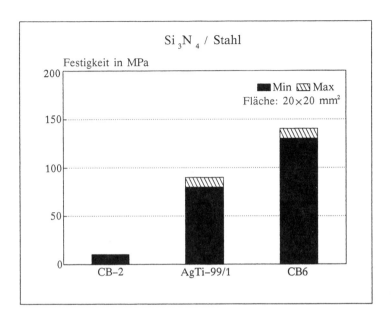

Abb. 7: Scherfestigkeiten von Si$_3$N$_4$/Stahl-Verbindungen

Abb. 8: Querschliff einer mit Aktivlot CB2 gelöteten Si$_3$N$_4$/Stahl-Verbindung; Löttemperatur: 1030 °C

Abb. 9: Querschliff einer mit Aktivlot CB6 gelöteten Si_3N_4/StahlVerbindung; Löttemperatur: 1030 °C

An der Grenzfläche zur Keramik wird eine gleichmäßige, titanhaltige Reaktionszone beobachtet. Die Reaktionszone besteht aus TiN und verschiedenen Titansiliziden [13]. Die Reaktionszone hat eine Dicke von nur 1 µm und ist damit um den Faktor 10 kleiner als die Reaktionszone, die beim Löten mit dem Lot CB2 beobachtet wurde.

Lote, die sich zum Löten von Si_3N_4 eignen, müssen zunächst eine hohe Duktilität aufweisen. Desweiteren hat die Dicke der Reaktionszone beim Löten von Si_3N_4 einen deutlich größeren Einfluß auf die Festigkeit des Verbundes als beim Löten von z. B. ZrO_2. CB2 und CB6 haben eine Duktilität, die in der gleichen Größenordnung liegt, aber im Vergleich zu CB2 führt das Lot Degussa CB6 zu deutlich niedrigeren Reaktionszonen beim Löten von Si_3N_4.

Der Grund für den starken Einfluß der Reaktionszonendicke beim Löten von Si_3N_4 ist in den inneren Spannungen zu suchen, die an der Grenzfläche der Reaktionszone zur Keramik entstehen. Unter der Annahme, daß beim Löten von Si_3N_4 die Reaktionszone vollständig aus TiN besteht, ergibt sich ein großer Unterschied der thermischen Ausdehnungskoeffizienten von Si_3N_4 und TiN (vgl. Tabelle 2). Dadurch werden vergleichsweise hohe Spannungen an der Grenzfläche zur Keramik erzeugt. Daher war es erforderlich, ein Aktivlot mit einer hohen Duktilität zu entwickeln, welches gleichzeitig Reaktionszonen mit geringer Dicke an der Grenzfläche zur Keramik bildet.

4 Minimieren thermischer Spannungen

Mit den entwickelten Aktivloten können Keramik-Metall-Verbindungen mit hohen Scherfestigkeiten erzeugt werden. Für einen optimalen Keramik-Metall-Verbund sollten zudem die durch den Lötprozeß erzeugten thermischen Spannungen so niedrig wie möglich gehalten werden. Ergebnisse von analytischen Spannungsberechnungen und experimentellen Spannungsmessungen mittels Röntgenbeugungsmethoden werden im folgenden dargestellt.

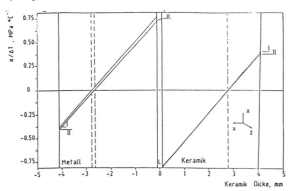

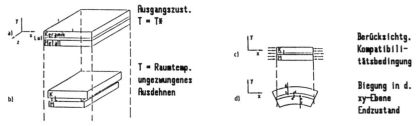

Abb. 10: Ergebnisse der analytischen Spannungsberechnung

Die prinzipielle Vorgehensweise bei der analytischen Berechnung ist in **Abb. 10** dargestellt [14]. Diese Berechnung zeigt, daß ca. 30 % des keramischen Materials unter Zugspannungen steht. Neben der Auswahl des optimalen Lotes können diese Spannungen durch Optimieren der Bauteilgeometrie und der Lotschichtdicke weiter verringert werden. Für den Fall des 2-Platten-Verbundes mit der Metalldicke (H_m) und der Keramikdicke (H_k) hat das Verhältnis von Metalldicke zu Keramikdicke einen erheblichen Einfluß auf die

Höhe der inneren Spannung. Mit zunehmender Dicke der Metallunterlage können die Spannungen vermindert werden. Eine höhere Metalldicke führt zu einer höheren Steifigkeit des Verbundes und dadurch zu einer geringeren Durchbiegung des Keramik/MetallVerbundes. Eine geringere Durchbiegung des Verbundes führt zu niedrigeren Zugspannungen an der Oberfläche der Keramik.

Abb. 11 zeigt die Ergebnisse von analytischen Spannungsberechnungen an ZrO_2- und Si_3N_4-Stahl-Verbindungen für verschiedene Verhältnisse der Keramikdicke zu Metalldicke (H_k/H_m). Das Optimum dieses Verhältnisses liegt etwa bei $H_k = 0,4 \times H_m$. Beträgt die Keramikdicke z. B. 4 mm, so sollte die Metalldicke 10 mm betragen.

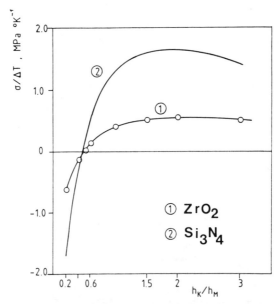

Abb. 11: Thermische Spannungen an der Oberfläche der Keramik in Abhängigkeit verschiedener Verhältnisse der Keramikdicke zu Metalldicke (H_k/H_m).

Bei technischen Bauteilen kann das optimale Verhältnis nicht immer verwirklicht werden. Aus diesem Grund müssen neben der Optimierung der Geometrie des Bauteils zudem das verwendete Lot und die Lotschichtdicke optimiert werden.

Tabelle 3 zeigt die Ergebnisse von röntgenographischen Spannungsmessungen an der Oberfläche der Keramik von Si$_3$N$_4$/Stahl-Verbindungen. Es wurde das Lot und die Lotschichtdicke variiert. Bei Verwendung eines duktilen Lotes, z.b. CB6 anstelle von weniger duktilen Loten (CB1 und CB4) wird eine erhebliche Verringerung der inneren Spannungen beobachtet. Eine weitere Verminderung der Spannungen kann durch eine Erhöhung der Lotschichtdicke erzielt werden. Die inneren Spannungen der ungelöteten Vergleichsproben entsprechen Druckspannungen, die auf die Bearbeitung der Keramik zurückzuführen sind.

Lot	Lot-dicke	Proben-anzahl	Spannungen Metall	Spannungen Keramik
CB1	0,2 mm	5	288 + 30 MPa	-194 + 13 MPa
CB4	0,2 mm	3	317 + 10 MPa	-200 + 5 MPa
CB6	0,1 mm	5	91 + 16 MPa	-133 + 17 MPa
CB6	0,2 mm	5	63 + 14 MPa	-113 + 13 MPa
CB6	0,3 mm	5	43 + 12 MPa	-98 + 5 MPa
Vergleichsprobe	--	1	-60 MPa	0 MPa

Tab. 3: Ergebnisse von röntgenographischen Spannungsmessungen an der Oberfläche der Keramik.
Keramik 20 x 20 x 3,25 mm; Metall 20 x 20 x 5,50 mm

5 Anwendungsbeispiele

Aufgrund der Eigenschaften keramischer Werkstoffe erschließen sie sich eine Vielzahl von Anwendungen. Die Verwendung keramischer Werkstoffe wird ständig weiter zunehmen. Potentielle Anwendungen finden sich z. B. in:

- der Automobilindustrie
- der Elektrotechnischen- und der Elektronikindustrie
- der Werkzeugindustrie
- im Maschinen-und Anlagenbau
- der Sensorik.

Abb. 12 zeigt den Kipphebel eines Daimler-Benz 6-Zylinder-Motors aus dem Versuch. Zum Verschleißschutz wird auf den Kipphebel eine Keramikplatte durch Aktivlöten aufgelötet. Die erzielten Haftfestigkeiten sind gut und im Motorentest wurden vielversprechende Ergebnisse erzielt [15,16].

Abb. 13 zeigt eine Vakuumschaltröhre, bei der eine Kappe aus FeNi-Stahl auf Al_2O_3 mit Aktivlot aufgelötet wurde.

Abb. 12:   Kipphebel eines Daimler-Benz Motors

Abb. 13:   Vakuumschaltröhre

Ein Beispiel eines Bauteils aus der Kernfusionsforschung zeigt **Abb. 14**. In diesem Fall wurde Aktivkohle auf Kupfer aktivgelötet. Im Gegensatz zu den üblicherweise verwendeten Lotfolien wurde in diesem Fall AgCuTi-Pulverlot verwendet. **Abb. 15** zeigt die Herstellung eines kapazitiven Druckaufnehmers bei dem zwei Al_2O_3-Teile mit Aktivlot CB5 gelötet werden.

Abb. 14: Aktivkohle aufgelötet auf Kupfer

Abb. 15: Kapazitiver Druckaufnehmer gelötet mit CB5

Ein Beispiel für das Löten von elektrischen Durchführungen ist in **Abb. 16** dargestellt. In diesem Beispiel wurden FeNi-Stäbe mit Aktivloten in Aluminiumoxid eingelötet. Für diese Anwendung wurde kürzlich ein neues Verfahren entwickelt. Es wurde ein Verbundlotdraht hergestellt, dessen Kern aus einem elektrischen Leiter besteht, der mit einem Aktivlot ummantelt ist. Dieser Aktivlotmanteldraht wird in die Keramikdurchführung eingeführt und anschließend gelötet. Diese Technik führt zu vakuumdichten Verbindungen und stellt eine vielversprechende Alternative zu dem Löten von metallisierter Keramik dar.

In der Werkzeugindustrie werden Hartstoffe mit dem Substratmaterial häufig durch Klemmen verbunden. Bei kleinen Bauteilen stellt das Aktivlöten eine Alternative dar. So ist z. B. beim Löten von Diamanten ein Klemmen häufig nicht möglich aufgrund der geringen Bauteilgröße. Aktivlöten führt zu festen Diamant/Stahl-Verbindungen. Ein Beispiel ist in **Abb. 17** zu sehen.

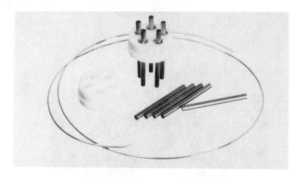

Abb. 16: Elektrische Durchführung

Abb. 17: Diamantwerkzeug gelötet mit CB1

6 Literatur

[1] M.J. Nicholas:
Active metal brazing.
Br. Ceram. Trans. J. 85, p. 144 - 146, 1986

[2] Pak, J. J.; Santella, M. L. and R. J. Fruehan:
Thermodynamics of Ti in AgCu-alloys.
to be published in Metallurgical Transaction Part B

[3] Nicholas, M. G., Valentine, T. M. and M. J. Waite:
The wetting of alumina by copper alloyed with titanium and other elements.
Journal of Materials Science 15 (1980), p. 2197 - 2206

[4] Tanaka, Sun-Ichiro:
The characterization of Ceramic/Metal-Systems joined by an active metal brazing method.
Proc. of MRS International, Meeting on Advanced Materials (1988, 5-6), Tokyo, Japan

[5] Böhm, W. und W. Malikowski:
Entwicklungsrichtungen beim Schutzgaslöten nicht metallisierter Keramik auf Metall.
2. Int. Conference on Joining Ceramic Glassand Metal, Bad Nauheim, 27. - 29. März 1985

[6] Weise, W., Malikowski, W. and H. Krappitz:
Wetting and strength properties of ceramic to metal joints brazed with active filler metals depending on brazing condition and joint geometry.
Int. Conf. "Fügen von Glass, Keramik und Metall", Bad Nauheim, 1989

[7] Moorhead, A. J., Santella, M. L. and H. M. Henson:
The Effect of Interfacial Reactions on the Mechanical Properties of Oxide Ceramic Brazements.
BABS 5th Int. Conference High Technology Joining, Brighton 3 - 5 November 1987, paper 22

[8] Lugscheider, E. and W. Tillmann:
Developement of New Active Filler Metals in a AgCuHf-System.
Welding Reserarch Supplement, Nov. 1990, 416 - 421

[9] Tanaka, Sun-Ichiro:
Residual Stress Relaxation in Si_3N_4/Metal Joined Systems.
Proc. of. MRS Int. Meeting on Advanced Materials, (1988, 5 - 6), Tokyo, Japan

[10] Suganuma, K. and T. Okamoto:
Influence of shape and size on residual stress in ceramic/metal joining.
Journ. of Mat. Sci. 22, (1987), p. 2702 - 2706.

[11] Lugscheider, E.; Krappitz, H. and H. Mizuhara:
Fügen von nicht metallisierter Keramik mit Metall durch Einsatz duktiler Aktivlote.
Fortschrittsberichte der Deutschen Keramischen Gesellschaft, Bd. 1 (1985), Heft 2, S. 199 - 211
[12] Wielage, B. and D. Ashoff:
Brazing of ceramic and metal-ceramic compounds.
Proc. Int. Conf. on Joining Ceramics, Glass andMetal, Bad Nauheim 1989 (FRG) p 385 - 399
[13] Lugscheider, E and M. Boretius:
Active brazing of silicon carbide and silicon nitride to steel using a thermal-stress-reducing metallic interlayer.
Proc. Int. Conf. Joining Ceramics, Glass and Metal, Bad Nauheim 1989 (FRG)
p 25 - 33
[14] Munz, D. und O. Iancu:
BMFT Symposium Materialforschung.
Hamm/Westfalen 12. - 14.09.88, p 821 ff
[15] Krappitz, H., Thiemann, K. H. und W. Weise:
Herstellung und Betriebsverhalten gelöteter Keramik-Metall-Verbunde für den Ventiltrieb von Verbrennungskraftmaschinen.
Int. Kolloquium "Hart und Hochtemperaturlöten", Essen, 1989, DVS-Verlag, S. 80 - 85
[16] Weise, W., Krappitz, H. and W. Malikowski:
Active metal brazing of silicon nitride.
European Conf. on Advanced Materials and Processes, Aachen (FRG), Nov. 1989

Entwicklung von hochtemperaturbeständigen Aktivlötverbindungen aus Nichtoxidkeramik für den Motorenbau und die Energietechnik

W. Tillmann * und E. Lugscheider *

1 Einleitung

Aufgrund verbesserter Herstellungsverfahren sind die technologischen Eigenschaften ingenieurkeramischer Werkstoffe derart gestiegen, daß verstärkt daran gedacht wird, diese Werkstoffe als Konstruktionswerkstoffe in technischen Strukturen einzusetzen. Dieses schlägt sich deutlich in den Umsatzzahlen von Ingenieurkeramiken nieder. Nach einer Marktanalyse der Freedonia Group Inc. [1] hat sich der Weltmarkt für keramische Werkstoffe in den vergangenen 14 Jahren verachtfacht, wobei noch ein Großteil der Anwendungen in das Feld der Elektronik und Elektrotechnik fällt. Doch auch für strukturkeramische Anwendungen sind deutliche Steigerungen zu verzeichnen bzw. werden für die nächsten Jahre prognostiziert. In **Abb. 1** ist diese Entwicklung grafisch wiedergegeben.

Nach [2] teilt sich der Weltmarkt für strukturkeramische Werkstoffe im Jahr 1995 wie folgt auf:

- Verschleißschutz   28 %
- Wärme-/Kraft- und Arbeitsmaschinen 27 %
- Schneidkeramik   21 %
- Luft- und Raumfahrt   17 %
- Wärmetauscher   4 %
- Biokeramik   3 %

---

* Lehr- und Forschungsgebiet Werkstoffwissenschaften, RWTH Aachen

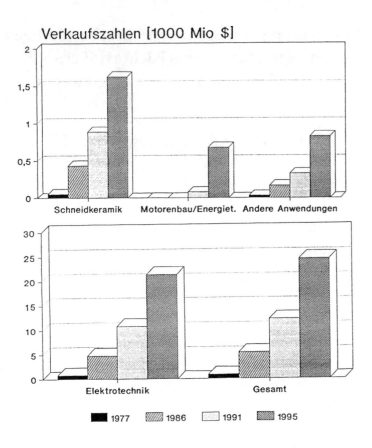

Abb. 1: Weltmarkt ingenieurkeramischer Werkstoffe [1]

Allen Anwendungsgruppen gemein ist die Frage nach einer geeigneten Fügetechnik, die es ermöglicht die ingenieurkeramischen Werkstoffe mit sich selbst wie auch mit anderen Materialien zu verbinden. Dies ist zum einen wichtig, um geometrisch komplizierte Bauteile mit vertretbarem fertigungstechnischen Aufwand zu realisieren und zum anderen, um eine "keramikgrechte" Konstruktion zu ermöglichen. Letzteres umfaßt dabei sowohl werkstoffspezifische Aspekte, wie zum Beispiel den Einsatz von Keramik in möglichst zugspannungsfreien Regionen, als auch konstruktive Aspekte, bei denen die Kombination zweier Materialien im Vordergrund stehen.

Seitens der Fügetechnik stehen dem Konstrukteur verschiedene Wege offen, die alle spezifische Vor- und Nachteile aufweisen. Form- und kraftschlüssige Verbindungen werden dort günstigerweise eingesetzt, wo Teile ausgetauscht oder ersetzt werden müssen, wie z.b. bei Werkzeughaltern mit keramischen Schneidwerkzeugen. Sie sind darüberhinaus einfach herzustellen und können bei keramikgerechter Ausgestaltung auch höheren Betriebskräften standhalten. Auch im Motorenbau existiert hierfür bereits eine Serienanwendung. So werden bei einigen Motoren der höheren Leistungsklasse die Abgaskanäle (Portliner) und Kolbenmulden mit einer wärmeisolierenden Auskleidung aus Aluminiumtitanat oder Zirkonoxid versehen. Bei der Herstellung der Motorenkomponenten wird die Keramikstruktur direkt miteingegossen. Durch die auftretenden Schrumpfspannungen entsteht ein Fügeverbund aus kombiniertem Kraft- und Formschluß [3].

Stoffschlüssige Keramik-Verbindungen sind über verschiedene Techniken realisierbar. Während Klebverbindungen aufgrund ihrer geringen thermischen und chemischen Beständigkeit nur beschränkt in hochbelasteten Strukturen des Maschinenbaus und der Energietechnik einzusetzen sind, gilt dies nicht für Löt- und Schweißverbindungen. Schweißverbindungen aus Keramiken sind zwar prinzipiell sowohl als Schmelz- als auch als Preßschweißverbindung für eine Reihe von Ingenieurkeramiken realisierbar, jedoch unterliegen sie einer so großen Anzahl von Einschränkungen hinsichtlich der zu schweißenden Keramik, der anzuwendenden Schweißverfahren sowie des hohen Fertigungsaufwands, daß Lötverfahren eine weitaus größere Flexibilität bei deutlich niedrigeren Fertigungskosten aufweisen.

Neben einer Reihe von Lötverfahren für ingenieurkeramische Werkstoffe, die eine dem Lötprozeß vorgeschaltete Metallisierung erfordern, hat der sogenannte Aktivlötprozeß in jüngster Zeit in besonderem Maße an Bedeutung gewonnen. Dieses Verfahren, das im folgenden noch genauer beleuchtet werden soll, hat den Vorteil, daß es mit einem sehr geringen Verfahrensaufwand auskommt und leicht auf verschiedene Keramiken adaptierbar ist.

Insbesondere für die Gruppe der nichtoxidischen Keramiken, wie z.B. Siliziumnitrid und Siliziumkarbid, stellt das Aktivlötverfahren ein sehr geeignetes Fügeverfahren dar, mit dem auch Verbindungen hergestellt werden können, die hohen Beanspruchungen gerecht werden können. Dies ist umso wichtiger, da gerade Siliziumnitrid und Siliziumkarbid zunehmend an Bedeutung als Konstruktionswerkstoff gewinnen. Aufgrund ihrer sehr interessanten

Materialeigenschaften, wie einer hohen thermischen Belastbarkeit gekoppelt mit einer hohen mechanischen Festigkeit und Verschleißbeständigkeit und einem geringem spezifischen Gewicht, sind diese Nichtoxidkeramiken besonders für Anwendungen im Motorenbau von großem Interesse.

2 Fügen von ingenieurkeramischen Werkstoffen durch Aktivlöten

Der Aktivlötprozeß zeichnet sich dadurch aus, daß es hierüber möglich ist herkömmliche Metalle wie auch keramische Werkstoffe direkt zu benetzen. Grundsätzlich benetzt ein flüssiges Metall eine keramische Oberfläche nicht. Der Grund hierfür liegt im unterschiedlichen atomaren Aufbau der beiden Materialien Keramik und Metall.

Durch den Einsatz sogenannter Aktivlote ist es jedoch möglich, die keramische Oberfläche direkt zu benetzen. Hierzu sind die Lotlegierungen mit sogenannten (re-)aktiven Elementen dotiert, die über die Ausbildung einer Reaktionsschicht die Oberflächenenergie der Keramik soweit herabsetzen, daß eine im löttechnischen Sinne ausreichende Benetzung erfolgt. In **Abb. 2** ist dies schematisch dargestellt.

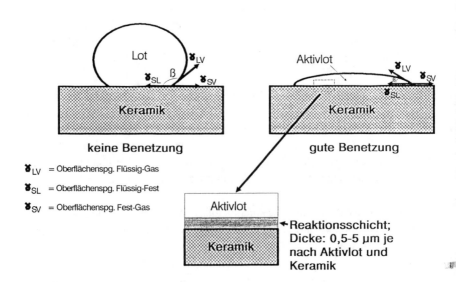

Abb. 2:   Benetzung eines keramischen Werkstoffs durch ein flüssiges Lot

Ein in kommerziellen Aktivloten eingesetztes typisches aktives Dotierungselement ist Titan. Aber auch von anderen reaktiven Refraktärmetallen ist bekannt, daß sie eine Benetzung induzieren können [4]. Hierzu zählen neben den weiteren Elementen der IVa-Gruppe des Periodensystems auch Elemente wie Tantal, Niob oder Aluminium. Gängige kommerzielle Aktivlote sind Silber-, Kupfer-, Silber-Kupfer-Basislote, die mit Titan als aktiver Komponente dotiert sind. Bei Erreichen der Arbeitstemperatur von ca. 760-1050°C, je nach Lotzusammensetzung, tritt an der Grenzfläche zum keramischen Grundwerkstoff eine Grenzflächenreaktion ein, die dazu führt, daß dort die Keramik dissoziert und eine Ti-reiche Reaktionsschicht gebildet wird. Diese besteht aus Titanoxiden, -karbiden, -nitriden o.ä. in Abhängigkeit vom keramischen Grundwerkstoff. Über die Reaktionsschicht wird dann die Benetzungsreaktion der Lotmatrix auf der Keramik ausgelöst. Damit das sehr reaktionsfreudige Aktivmetall im Lot nicht bereits während des Aufheizvorgang oxidiert und damit nicht mehr für die Reduktion der Keramik während des Lötens zur Verfügung steht, ist der Lötvorgang in Vakuumatmosphäre oder in hochreinem Schutzgas durchzuführen. Die Lote selbst werden in Folienform eingesetzt, es sind aber auch andere Applikationsformen möglich. Die Auswahl des Lotes hängt dabei sehr von der verwendeten Keramik ab. Im Falle von Aluminiumoxid sind bereits eine Vielzahl von Untersuchungen zu verschiedenen Lotsystemen durchgeführt worden. Im Unterschied dazu ist dies für Nichtoxidkeramik nur in beschränktem Maße der Fall. Ein weiterer nicht zu vernachlässigender Aspekt ist die maximal zulässige Einsatztemperatur, die für die bisher verfügbaren kommerziellen Aktivlote eine Obergrenze von ca. 500°C findet. Für viele Anwendungen sowohl als Struktur- als auch als Funktionskeramik ist dies ausreichend, allerdings schränkt die Zusammensetzung der kommerziellen Aktivlote das Einsatzspektrum der Aktivlötverbindungen insbesondere für thermisch hochbelastete Anwendungen in der Energietechnik und im Motorenbau ein.

3 Beispiele für Anwendungen im Motorenbau

Im Bereich des Motorenbaus finden keramische Komponenten zum einen bereits seit langem Anwendung und zum anderen wird gerade in jüngster Zeit verstärkt über den Einsatz keramischer Motorenkomponenten nachgedacht. Die wohl bekannteste Anwendung ist die Zündkerze, bei der eine keramische Isolierung mit einem Metallfuß verbunden ist. Weitere Anwendungem sind Glükerzen für Dieselmotoren, bei denen ein japanischer Hersteller die Verbindung über ein kombiniertes Fügeverfahren aus Kraft- und Stoffschluß ausführt. Auch für die Wirbelkammer bestimmer Dieselmotoren, Komponenten des Katalysators oder keramische Dichtungen für Wasserpumpen werden bereits Keramik-Verbunde als Serienbauteile eingesetzt [5]. Zwei Anwendungen, die besondere Anforderungen an die mechanische Qualität und die thermische Beständigkeit der Verbindung stellen sind der Kipphebel mit keramischer Plattierung und der Abgas-Turbolader mit keramischem Rotor [6].

In beiden Fällen wurde und wird als Fügetechnik das Lötverfahren eingesetzt. Während der keramikplattierte Kipphebel insbesondere mechanischen Beanspruchungen ausgesetzt ist, unterliegt der keramische Turbolader einem Beanspruchungskollektiv aus thermischer, korrosiver und mechanischer Beanspruchung. Typische Betriebsbedingungen, denen der Kipphebel im Versuch in einem 2 l Dieselmotor, ausgesetzt ist, sind nachfolgend zusammengefaßt [6]:

- Drehzahl : 400 U/min
- Öl-Temperatur : 70 °C
- Öl-Durchfluß : 0,5 l/min
- Öl-Druck : 0,2 kg/cm^2
- Öl-Qualität :gebraucht; Redwood-Visk. (50°C) 474 sec

Nach 100 Betriebsstunden betrug der Abtrag am Si_3N_4 nur 1/10 des Abtrags des unbeschichteten Kipphebels. Während in der japanische Variante die Keramik vor dem Lötvorgang metallisiert wurde, ist in einer deutschen Studie [7] der Aktivlötprozeß zum direkten Fügen eingesetzt worden. Als Lote wurde Ag-Basislote untersucht, die verschiedene Titan-Gehalte und darüberhinaus noch weitere Begleitelemente, wie Cu oder In aufweisen. Mit diesen Loten wurden Festigkeiten, gemessen im einachsigen Scherversuch, von z.T. über 150 MPa für die Verbindung Si_3N_4-CK45 ermittelt.

Deutlich höhere Anforderungen an die Keramik-Verbindung werden an thermisch hochbelastete Bauteile, wie den Abgasturbolader gestellt. Die Fügestelle hat in diesem Bauteil sowohl außergewöhnlichen mechanischen Belastungen als auch extremen thermischen und chemischen Einflüssen standzuhalten. So können kurzzeitig durchaus Betriebstemperaturen von mehr als 800 °C auftreten, wobei die Betriebsumgebung oxidativer und korrosiver Natur ist.

Erneut exisitiert in Japan bereits eine Serienanwendung für Keramik im Turboladerbau [7]. So sind in den vergangenen sechs Jahren 400.000 Turbolader mit keramischem Rotor verkauft worden. Der Aufbau eines solchen Turboladers, bei dem die Verbindung Keramik-Metall über eine Aktivlötung ausgeführt wurde ist in **Abb. 3** wiedergegeben.

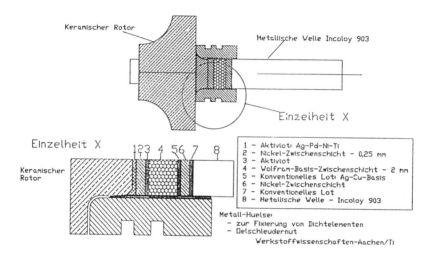

Abb. 3: Schematischer Aufbau des keramischen Turboladers [8]

Grundsätzlich sind bei der Herstellung des keramischen Turboladers zwei Probleme zu beherrschen. Zum einen ist dies die Bereitstellung eines geeigneten Lotes für die Anbindung der Metallwelle an den Si_3N_4-Rotor, welches neben einer ausreichend mechanischen Festigkeit noch eine ausreichende thermische Beständigkeit aufweist. Zum anderen stellt die Beherrschung der thermischen Spannungen, hervorgerufen durch die unterschiedlichen thermischen Ausdehnungskoeffizienten von Keramik und Metall, ein großes Problem dar.

In der japanischen Lösung wurde das Problem der thermischen Spannungen über den Einsatz eines komplexen Systems von Zwischenschichten aus duktilen Materialien (Nickel) und einem Material, das im Ausdehnungsverhalten der Keramik angepaßt ist (Wolfram), gelöst. Die Dimensionierung erfolgt dabei unter Einsatz von FEM-Berechnungen. Der zweite Aspekt, der auch in erster Linie Gegenstand dieses Beitrags ist, ist die Auswahl eines geeigneten Lotwerkstoffs.

In der Patentschrift [8], die den Aufbau des japanischen Turboladers beschreibt, werden Aktivlote, der Zusammensetzung Ag-Cu/Pd-Ni-Ti genannt, die bei Temperaturen von 900-1060 °C im Vakuum verarbeitet werden. Das Aktivlot wird dabei lediglich an der Stelle "1" (s. Abb. 3) eingesetzt. Alle anderen Lötverbindungen werden mit konventionellen Loten realisiert. Von großer Bedeutung für die Verbindung ist weiterhin die hülsenförmige Umfassung der Fügestelle. Diese unterstützt die Verbindung in mechanischer Hinsicht und dient ferner dazu Dichtelemente aufzunehmen, die den Eintritt heißen Öls in den Abgasbereich verhindern. Obwohl diese Art der Verbindung zu guten Festigkeiten führt, kann davon ausgegangen werden, daß die Aktivlotverbindung aufgrund ihrer Zusammensetzung nicht den Betriebstemperaturen im europäischen Fahrbetrieb standhalten wird. Aus diesem Grund ist es nötig, daß entsprechend hochtemperaturbeständige Aktivlote bereitstehen, die Betriebstemperaturen bis 1000 °C zulassen.

4 Entwicklung neuer Aktivlote für SiC- und Si_3N_4-Verbindungen mit dem Ziel höherer Betriebstemperaturen

Um die oben genannten Anforderungen hinsichtlich Temperaturbeständigkeit und Oxidationsbeständigkeit der Aktivlötverbindung erfüllen zu können, müssen entsprechende Lote konstituiert werden. Aus diesem Grund wurden verschiedene Lotlegierungssysteme auf Edelmetallbasis konstituiert und in Benetzungsversuchen auf SiC und Si_3N_4 im Vakuum getestet.

Im Falle der Siliziumnitrid-Keramik besonders bewährt haben sich Aktivlote im System PdNiTi (Ti $\leq$ 3 Gew.-%). Diese Lote weisen eine Solidustemperatur von 1224 °C und eine Liquidustemperatur von 1236 °C auf. In entsprechenden Vorversuchen wurde die günstigste Löttemperatur zu 1250 °C bestimmt. Obwohl diese Lote zu einer ausreichenden Benetzung der Keramik führten, trat eine essentielles Problem zutage, das die Hochtemperaturlötungen mit diesem Lot überschattete. Nach Überschreiten des Schmelzbereiches des Lotes setzte ein starkes Lotverspritzen ein, das zur Folge hatte, daß die Verbindungsausbildung massiv gestört wurde. Dies geht z.T. so weit, daß die Fügepartner bereits während des Lötprozesses durch das intensive Lotverspritzen voneinander getrennt wurden. Verbindungen, die den gesamten

Prozeß überstanden, zeigten nach dem Löten zumeist deutlichen Probenversatz. Die metallographische Präparation deckte eine starke Porenbildung in der Fügezone auf. Dementsprechend konnten auch nur verhältnismäßig niedrige Festigkeiten von $\sigma_m = 65$ MPa im Vierpunktbiegeversuch bei einer hohen Streuung erzielt werden.

Dieser Effekt wurde auch an anderen Forschungsstellen beim Versuch hochtemperaturbeständige Lötverbindungen aus Siliziumnitrid herzustellen beobachtet [9]. Als eine mögliche Ursache wurde eine intensive Reaktion zwischen der Keramik und dem Aktivlot, insbesondere dem Titan, in Betracht gezogen. Durch die intensive Reaktion soll gasförmiger Stickstoff freigesetzt werden, der zum Lotverspritzen führt. In einfachen thermodynamischen Berechnung auf Basis der Gleichgewichtsthermodynamik [10] kann jedoch nachgewiesen werden, daß Titan in erster Linie mit der Keramik zu Titannitrid reagiert. Die energetischen Bedingungen für eine Titansilizidbildung unter Freisetzung von Stickstoff sind im Vergleich dazu wesentlich ungünstiger. Massenspektroskopische Analysen der Atmosphäre des Vakuumofens bei Löttemperatur zeigten jedoch, daß insbesondere bei Temperaturen oberhalb von 1100 °C die Stickstoff-Konzentration deutlich ansteigt. Daher wurden Referenzversuche mit leerem Rezipienten sowie mit unbeloteten Siliziumnitridproben durchgeführt. Dabei zeigt sich eindeutig, daß die Freisetzung von gasförmigem Stickstoff mit einer Zersetzung der Keramik bei hohen Temperaturen im Vakuum gekoppelt ist. In **Abb. 4** ist der thermodynamische Hintergrund hierfür wiedergegeben. Oberhalb von ca. 1100 °C wird der Stickstoff-Partialdruck im Vakuumrezipient so weit unterschritten, daß der Zersetzung von Si_3N_4 freien Lauf gegeben ist. Der bei der Zersetzung entstehende gasförmige Stickstoff dringt in die Fügezone ein und führt dazu, daß das flüssige Lot zu verspritzen beginnt.

Um entsprechende Verbindungen trotzdem realisieren zu können, muß die Freisetzung von gasförmigem Stickstoff in der Fügezone verhindert werden. Hierzu sind mehrere Lösungsansätze denkbar [12]:

- Durchführung der Lötung im Schutzgas
- Aufbau einer dichten Oxidhaut auf der Keramik vor dem Löten
- Gezielte Temperaturführung während des Lötprozesses
- Versiegeln der keramischen Fügefläche vor dem Hochtemperaturlötprozeß

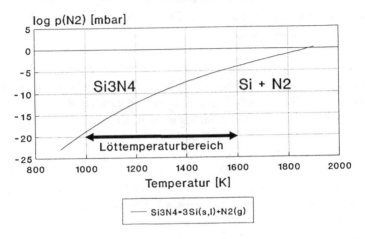

Abb. 4: Gleichgewichtspartialdruck von Siliziumnitrid in Abhängigkeit von der Temperatur [12]

Versuche Si_3N_4-Si_3N_4-Hochtemperaturlötverbindungen unter Anwendung des Aktivlotes PdNiTi im Schutzgas herzustellen erbrachten nicht den gewünschten Erfolg, da das Aktivlot in der Aufheizphase bereits stark oxidierte und somit nicht mehr für die Verbindungsausbildung zur Verfügung stand. Hier wäre eine Abhilfe nur denkbar, sofern ein hochreines Schutzgas (Ar) vorliegt, das mit der Qualität eines Hochvakuums vergleichbar ist.

Ebenso scheiterten die Versuche über den Aufbau einer Oxidhaut auf der Keramik die Zersetzung derselben zu kontrollieren. Die normalerweise der Keramik anhaftenden Oxidhäute werden im Hochvakuum in der Aufheizphase ebenfalls zersetzt, wie in [11] nachzulesen ist. Durch den Aufbau einer möglichst dicken Oxidhaut, die während des kurzen Lötprozesses nicht komplett zersetzt wird, soll ebenfalls ein Ausgasen in die Fügzone unterdrückt werden. Entsprechende Versuche brachten nicht den gewünschten Erfolg, da die verbleibenden Oxide auf der Keramikoberfläche wiederum zu Benetzungsproblemen führten.

Ein grundsätzlich anderer Ansatz geht davon aus, die Reaktionsschicht an der Grenzfläche Lot-Keramik dahingehend zu nutzen, daß diese den Eintritt von gasförmigem Stickstoff in die Fügezone verhindert. Um dies zu erreichen, ohne daß es zu einem übermäßigem Probenversatz durch verspritzendes Lot kommt, wurde versucht die Löttemperatur zwischen der Arbeitstemperatur des Lotes von 1250 °C und einer Temperatur unterhalb der Solidustemperatur von 1224 °C pendeln zu lassen. Hierüber kann erreicht werden, daß sich eine Reaktionsschicht ausbildet, die ihrerseits wiederum dicht und dick genug ist, die Ausgasung in die Fügezone weitgehend zu unterdrücken. Zwar ist es über diese Verfahrenstechnik möglich, fehlerfreie Verbindungen herzustellen, allerdings nur unter Einsatz einer aufwendigen Prozeßführung.

Der aussichtsreichste Ansatz die Fügezone vor dem Gaseintritt zu schützen besteht darin vor dem Hochtemperaturaktivlötprozeß eine dichte Versiegelung in Form einer Metallisierung aufzubringen. Dadurch wird zwar die Anzahl der Prozeßschritte erhöht, jedoch kann hierüber sichergestellt werden, daß völlig fehlerfreie Si_3N_4-Verbindungen hergestellt werden können.

Grundsätzlich bestehen zwei unterschiedliche Möglichkeiten nichtoxidische Keramiken zu metallisieren. Dies ist zum einen möglich über den Einsatz von Metallisierungsschichten auf der Basis von PVD-Metallisierungen. Lötversuche an Ti-metallisierter Si_3N_4-Keramik mit Pd-haltigen Loten ergaben nach wie vor ein Lotverspritzen bei Erreichen des Lotschmelzbereichs [9]. Zum anderen besteht natürlich noch die Möglichkeit die Versiegelungsmetallisierung selbst über Aktivlote aufzubringen [12].

Von einigen Aktivloten im Ag-Cu-Basissystem ist bekannt, daß sie sehr dichte Reaktionsschichten ausbilden, die auch die Eigenschaft einer Diffusionsbarriere ausüben können. Ein Aktivlotsystem, das diese Eigenschaft in der Verbindung mit Siliziumnitrid innehat, ist ein experimentelles Aktivlot im System Ag-Cu-Hf [4,10]. Der Einsatz dieses Aktivlotes als Vorbelotung der Fügeflächen brachte den gewünschten Erfolg. Derartig hergestellte Siliziumnitrid-Verbindungen wiesen in der metallographischen Analyse keine Poren auf. Die entsprechende Lötverfahrenstechnik ist in **Abb. 5** dargestellt.

Die hafniumhaltigen Aktivlote weisen jedoch den gravierenden Nachteil auf, daß sie eine sehr hohe Sauerstoffaffinität aufweisen und dementsprechend leicht zur Oxidation neigen. Dementsprechend hoch sind die Anforderungen an die Lötatmosphäre [10].

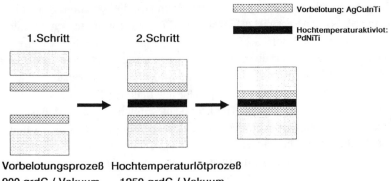

Abb. 5: Lötverfahrenstechnik zur Herstellung hochtemperaturbeständiger Si_3N_4-Lötverbindungen [12]

Wesentlich einfacher in der Handhabung stellen sich Aktivlote mit Titan als aktiver Komponente dar. Insbesondere das kommerzielle Aktivlot AgCuInTi3 erweist sich aufgrund seines guten Fließvermögens als besonders geeignet. Die Fügeflächen der Si_3N_4-Keramik werden mit diesem Lot bei 900 °C und 10 minütiger Haltezeit vorbelotet. Von diesem Lotsystem ist bekannt, daß es Siliziumnitrid sehr gut benetzt, eine dichte Reaktionsschicht ausbildet und eine verhältnismäßig gute Oxidationsbeständigkeit aufweist. In **Abb. 6** sind der Temperatur-Zeit-Verlauf des Vorbelotungs- und des eigentlichen Hochtemperaturlötzyklus dargestellt.

Wird das Hochtemperaturaktivlot PdNiTi auf der vorbeloteten Keramik eingesetzt, treten die genannten Probleme hinsichtlich Probenversatz oder Lotverspritzen nicht mehr auf. Si_3N_4-Si_3N_4-Verbindungen sind ohne Probleme herstellbar, wie in metallographischen Analysen der Fügezone nachgewiesen werden konnte. Die Elemente der Vorbelotung legieren sich mit den Elementen des Hochtemperaturaktivlots auf. Kupfer ist sowohl mit Nickel als auch mit Palladium vollständig mischbar. Dies ist von großem Vorteil hinsichtlich der Duktilität der Verbindung, da intermetallische Phasen i.d.R. versprödend auf die Verbindung wirken. Das System Silber-Palladium weist nur eine teilweise Mischbarkeit im festen Zustand auf. Jedoch ist Silber nur noch in sehr geringer Konzentration in der Fügezone nachzuweisen, da es aufgrund seines hohen Dampfdrucks zu einem großen Teil in der Aufheizphase abdampft. Gleiches gilt für Indium, das überhaupt nicht mehr nach dem Hochtemperaturlötprozeß in der Fügezone zu finden ist. Die positive Wirkung des Versiegelns der Fügezone über eine Vorbelotung besteht nun darin, über die Ausbildung einer dichten Reaktionsschicht den Eintritt von gasförmigem Stickstoff in die Fügezone zu unterdrücken. Zusätzlich ergab die metallographische Analyse noch einen weiteren positiven Effekt der Vorbelotung. So wurde der Eintritt von Silizium in die Fügezone drastisch eingeschränkt. Dadurch kann die Bildung spröder intermetallischer Silizidphasen in der Fügezone ebenfalls unterdrückt werden [12].

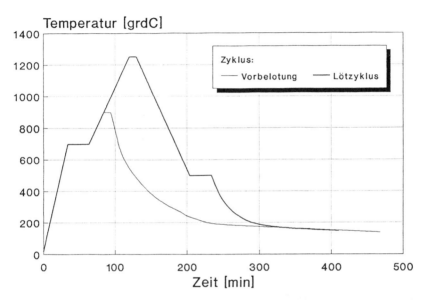

Abb. 6: Temperatur-Zeit-Diagramm des Vorbelotungs- und Hochtemperaturlötzyklus

Um die Verbindung in technologischer Sicht zu charakterisieren, wurden Vierpunktbiegeprüfungen an gelöteten Keramik-Keramik-Verbindungen (Fügefläche: 3,5x4,5 mm^2) durchgeführt. Dabei ergab sich die in **Abb. 7** als Weibull-Diagramm dargestellte Festigkeitsverteilung. Unter Berücksichtigung der noch relativ geringen Probenzahl von nur 7 Proben wurde eine mittlere Biegefestigkeit vom σ_B= 164 MPa gemessen. Die Streuung, repräsentiert durch den Weibull-Modul m, liegt für Keramik-Lötverbindungen mit m= 3,6 noch verhältnismäßig hoch. Die Höhe der "wahrscheinlichsten" Bruchspannung σ_0= 175 MPa, ermittelt mittels linearer Regression unter Anwendung des zweiparametrigen Ansatzes, liegt ebenfalls in einer technologisch interessanten Größenordnung. Der Vergleich zu nicht vorbeloteten Si₃N₄-Verbindungen zeigt, daß eine Erhöhung der Festigkeiten durch die vorgestellte Lötverfahrenstechnik um den Faktor 2,6 erzielt werden kann.

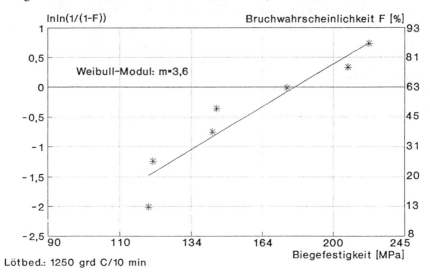

Abb. 7: Vierpunktbiegefestigkeiten von gelötetem Siliziumnitrid unter Anwendung des Hochtemperaturaktivlotes PdNiTi nach Vorbelotung mit AgCuInTi [12]

Von großer technologischer Bedeutung ist die Beständigkeit der Verbindungen im Einsatz in oxidierender Atmosphäre. Um dies zu simulieren, wurden gelötete Vierpunktbiegstäbchen vor der Prüfung bei verschiedenen Temperaturen an Luft für 24 bzw. 100 Stunden ausgelagert. Dabei ergab sich das in **Abb. 8** dargestellte Verhalten.

Tendenziell ist mit zunehmender Auslagerungstemperatur bei 24-stündiger Auslagerung ein Abfall der Festigkeiten zu verzeichnen. Die Schwankungen im Bereich zwischen 600 und 900 °C sind statistischen Gegebenheiten zuzuschreiben. Besonders bemerkenswert erscheint die mittlere Biegefestigkeit, die für die 100-stündige Auslagerung bei 900 °C ermittelt wurde. Trotz der massiven thermischen und oxidativen Beanspruchung konnte eine aus technologischer Sicht hohe Festigkeit von 121 MPa erzielt werden. Die Analyse der Bruchfläche zeigt, daß der Bruch zu ca. 80 % durch die Keramik verläuft, was ebenfalls für die Qualität der Verbindung spricht. Eine elektronenoptische Analyse der "Lotreste" ergab, daß die restlichen Bestandteile aus der

Reaktionsschicht stammen. Zusätzlich wurde, wie auch in Abb. 8 zu erkennen ist, an vier gelöteten Biegestäbchen eine Biegeprüfung bei 700 °C Prüftemperatur durchgeführt. Die mittlere Biegespannung hierfür betrug 109,4 MPa, womit auch eine ausreichend mechanische Festigkeit bei erhöhten Temperaturen sichergestellt ist.

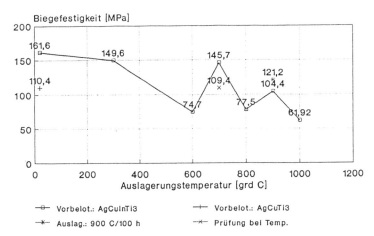

Abb. 8: Vierpunktbiegefestigkeiten nach Auslagerung bei erhöhter Temperatur in oxidativer Atmosphäre, sowie das Bruchflächenbild einer gebrochenen Vierpunktbiegeprobe nach 24-stündiger Auslagerung bei 900 °C

Metallographische Analysen an ausgelagerten Proben ergaben, daß die Auslagerung zu keiner gravierenden Änderung in der Gefügestruktur der Verbindungen führt. In **Abb. 9** ist das Gefüge einer Si_3N_4-Lötverbindung dargestellt, die für 24 Stunden bei 1000 °C ausgelagert wurde. Die Elementverteilungsanalyse zeigt ebenfalls keine signifikante Veränderung im Fügezonenaufbau im Vergleich zu nicht ausgelagerten Proben. Im grenzflächennahen Bereich ist eine deutliche Titananreicherung zu finden. Silizium findet sich innerhalb der Fügezone nur in vereinzelten Pd-reichen Phasen, was auf die Bildung von Palladiumsiliziden schließen läßt.

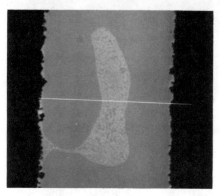

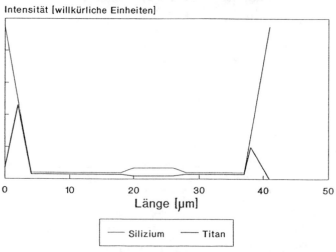

Abb. 9: Si_3N_4-Lötverbindung, gelötet mit PdNiTi nach Vorbelotung mit AgCuInTi und 24-stündiger Auslagerung bei 1000 °C sowie die zugehörige qualitative Elementverteilungsanalyse für Si und Ti

Die vorgestellten Laborversuche deuten daraufhin, daß es möglich sein sollte, mit dem genannten Lötverfahren und dem PdNiTi-Lot hochtemperaturbeständige Siliziumnitrid-Verbindungen herzustellen.

Damit ist es auch möglich, oben genannten Anwendungen aus dem Bereich des Motorenbaus höhere Betriebstemperaturen zu erschließen. Nicht außer Acht gelassen werden darf jedoch die Tatsache, daß zur Realisierung von Keramik-Metall-Verbindungen, insbesondere bei Anwendung von hochschmelzenden Loten, auch die Auswahl geeigneter Zwischenschichten zum Abbau thermisch induzierter Spannungen gehört. Entsprechende Ansätze wurden und werden z.Z. intensiv untersucht [12].

Neben der Bereitstellung hochtemperaturbeständiger Verbindungen aus Siliziumnitrid ist eine Entwicklung geeigneter Lote und Lötverfahren für Siliziumkarbid-Keramik gleichermaßen von Interesse. Um die gestellten Anforderungen erfüllen zu können, müssen ebenfalls hochschmelzende, oxidationsbeständige Aktivlote vorliegen. Ein Lotsystem, das diese Anforderung in besonderem Maße erfüllt ist das System AuPdTi [12]. Dieses Aktivlot zeigt ein sehr gutes Benetzungs- und Fließverhalten auf Siliziumkarbid, so daß Verbindungen mit diesem Lot problemlos hergestellt werden können. In **Abb. 10** ist eine derartige Verbindung dargestellt.

Abb. 10: SiC-SiC-Lötverbindung, gelötet im Hochvakuum mit AuPd8Ti2 bei 1250 °C/10min [12]

Im Unterschied zu Siliziumnitrid erweist sich Siliziumkarbid bei hohen Temperaturen im Hochvakuum als wesentlich stabiler, so daß keine Fügeprobleme aufgrund von thermischen Zersetzungsprozessen zutage traten. Jedoch ist, wie in Abb. 10 auch zu sehen, die Keramik selbst massiv durch das Aktivlot angegriffen worden. Durch elektronenoptische Analysen kann nachgewiesen werden, daß Lotbestandteile, inbesondere Gold tief in die zersetzte Keramik eingedrungen sind, während sich Titan entlang der ursprünglichen Grenzfläche angereichert hat. Die sich dort ausbildenden Ti-Reaktionsprodukte konnten nicht als Diffusionsbarriere sowohl für die Gold-Diffusion in die Keramik als auch für die Diffusion von Silizium in die Fügezone wirken. Gerade letzter Effekt ist von großer Bedeutung hinsichtlich der Tauglichkeit dieser Aktivlote für den Hochtemperatureinsatz. Das in die Fügezone diffundierte Silizium kann mit Gold ein niedrigschmelzendes Eutektikum bilden, welches einen Schmelzpunkt von 363 °C aufweist. In Auslagerungsversuchen bei erhöhten Temperaturen mit derartigen Verbindungen konnte tatsächlich nachgewiesen werden, daß sich Lotbestandteile verflüssigt haben. Diese traten dann nach außen und die metallographische Präparation deckte dementsprechend Fehlstellen und Lunker im Fügezonenbereich auf. Diese metallurgische Erscheinung ist bedauerlich, da sich dieses Lotsystem durch eine außergewöhnlich hohe Duktilität auszeichnet und dementsprechend die Raumtemperatur-Festigkeiten für SiC-SiC-Verbindungen im Mittel oberhalb 160 MPa lagen, was für SiC-SiC-Verbindungen einen sehr hohen Wert darstellt [10]. Jedoch stellt auch hier die Vorbelotungstechnik einen möglichen Lösungsansatz dar, den Angriff des Hochtemperaturaktivlotes auf die Keramik einzuschränken.

Neben dem Einsatz von edelmetallhaltigen Aktivloten besteht auch noch die Möglichkeit Nickel-Chrom-Basislote als Zusatzwerkstoff zum Fügen von SiC einzusetzen [13]. Hierbei handelt es sich um pulverförmige Aktivlote, die zur Erzielung einer guten Bentzungsfähigkeit ebenfalls mit Titan dotiert sind. Vierpunktbiegefestigkeitsuntersuchungen mit derartigen SiC-SiC-Lötverbunden ergaben Festigkeiten von ca. 70 MPa, die nach 24-stündiger Auslagerung bei 1100 °C an Luft, auf 40 MPa abfallen. Für eine Reihe von Anwendungen, wie z.B. keramische Wärmetauscher-Module, ist dies eine durchaus ausreichende Festigkeit. Der Einsatz von Lotpulver bedingt, daß die Vakuumdichtigkeit derartiger Verbindungen noch nicht als optimal zu bezeichnen ist. Es konnten He-Leckraten von bis zu 3×10^{-4} mbar l s^{-1} erzielt werden, was aber ebenfalls für viele Anwendungen durchaus ausreicht. Durch den Einsatz von Melt-Spin-Lotfolien ist auch hier noch eine Optimierung zu erwarten.

5 Zusammenfassung und Ausblick

Der Einsatz der Löttechnik erschließt bei Einsatz geeigneter Lötverfahren und Aktivlote ingenieurkeramischen Werkstoffen, wie z.b. Siliziumnitrid oder Siliziumkarbid, neue Anwendungen im Motorenbau und in der Energietechnik. Das wohl beeindruckenste Beispiel hierfür ist der keramische Turbolader, der direkt mittels der Aktivlöttechnik an eine Metallwelle gefügt werden kann. Neben mechanischen Aspekten, die dem Aufbau der Fügezone bestimmte Vorschriften auferlegen, werden besondere Anforderungen an die zu verwendenden Lote und deren Verarbeitungsverfahren gestellt. Hierzu zählen neben einer ausreichenden mechanischen Festigkeit insbesondere eine gute thermische und Oxidations-Beständigkeit. Edelmetallhaltige Aktivlote können diese Anforderungen zwar erfüllen, allerdings ist der Hochtemperaturaktivlötprozeß mit Löttemperaturen oberhalb 1200 °C an die beim Vakuum-Hochtemperatulötprozeß besonderen Gebenheiten zu adaptieren. Für Siliziumnitrid, welches sich bei diesen Temperaturen im Hochvakuum zu zersetzen beginnt, wurde ein Versiegelungsverfahren entwickelt, über das es möglich ist, fehlerfreie Verbindungen hoher Qualität herzustellen. Im Unterschied hierzu verhält sich Siliziumkarbid im Einsatz bei hohen Temperaturen im Hochvakuum unproblematischer, jedoch kann eine intensive Lot-Keramik-Reaktion auch hier zu einer negativen Beeinflußung der Verbindungseigenschaften führen, so daß auch im Falle der SiC-Keramik über entsprechende Vorbehandlungsverfahren nachgedacht wird.

Zukünftige Entwicklungsarbeiten werden vor allen Dingen die Charakterisierung in anwendungstechnischer Sicht umfassen. Hierzu zählt natürlich auch die Entwicklung von Keramik-Metall-Verbindungen unter Anwendung geeigneter Zwischenschichten. Sofern mehr technologische Daten über derartige Verbindungen vorliegen, wird dies auch den verstärkten Einsatz keramischer Werkstoffe in thermisch und mechanisch hochbelasteten Strukturen fördern.

5 Literatur

[1] Lugscheider E. und W. Tillmann:
Fügen von Hochleistungskeramik - Einführung.
Vortrag im Rahmen des Seminars der Techn. Akademie Wuppertal, 14.-15.2.91

[2] Technical Memorandum OTA-TM-E-32,
US-Office of Technology Assessment, 1986

[3] Boretius M.:
Aktivlöten von Hochleistungskeramiken und Vergleich mit konventionellen Lötverfahren.
Dissertation RWTH Aachen, 1991

[4] Lugscheider E., Boretius M. und W. Tillmann:
Entwicklung von hochfesten, aktivgelöteten Siliciumnitrid- und Siliciumcarbid-Verbindungen.
cfi/Ber. DKG 68 (1991), No. 1/2, S. 14

[5] M. Schwartz:
Ceramic Joining.
ASM International, Materials Park, Ohio 1990

[6] Ito M. und M. Taniguchi:
Metal/Ceramic Joinig for Automotive Applications.
to be published, Second European Colloquium "Designing Ceramic Interfaces", 11.-13.11.1991, Petten, Niederlande

[7] Weise W. und W. Malikowski:
Löten von Keramik auf technische Metalle.
BMFT-Abschlußbericht 03 M 2014, April 1990

[8] European Patent Application EP 0 376 092 A1
Application No.: 89123232.4; Date of filling: 15.12.89

[9] Selverian J.H., Dunn E.M. and S. Kang:
Microstructural examination of ceramic-metal joints brazed with alloys containing Palladium.
Paper presented at 21st International AWS Brazing and Soldering Conference, April 1990, Anaheim CA.

[10] Lugscheider E. und W. Tillmann:
Entwicklung hafniumhaltiger Aktivlote zum Fügen nichtoxidischer Keramiken untereinander und mit Metallen.
DFG-Abschlußbericht Lu 232/9-3, Aachen 1991

[11] Singhal S.C.:
Thermodynamic analysis of the high-temperature stability of silicon nitride and silicon carbide.
Ceramurgie International, Vol. 2, No. 3, 1976, p.123

[12] Lugscheider E., Boretius M. und W. Tillmann:
Fügen von Keramik mit Keramik und Metall für Einsatztemperaturen oberhalb 800 °C.
BMFT-Abschlußbericht 03 M 2030, Aachen 1991

[13] Turwitt M. und T. Jansing:
Fügen von Keramik mit Keramik und Metall bei Einsatztemperaturen oberhalb 800 °C.
BMFT-Abschlußbericht 03 M 2030, Bergisch-Gladbach 1991

Das technische Wissen der
GEGENWART

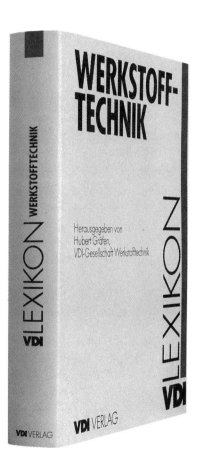

Das Lexikon

Das VDI-Lexikon Werkstofftechnik erscheint als viertes, in der Sammlung der lexikalischen Werke zu bedeutenden Fachdisziplinen der Technik: Ein Meilenstein in der Geschichte der technisch-wissenschaftlichen Literatur.
Aufgabe dieser Fachlexika ist es, Ingenieuren, Ingenieurstudenten und Naturwissenschaftlern einen mühelosen Zugang zu einem enormen Wissensschatz zu ermöglichen. Ein unentbehrliches Werk für jeden, der einen Einstieg in neue Wissensgebiete sucht oder der seine Kenntnisse über aktuelle Themen zum Stand der Technik und der Technik-Anwendung erweitern möchte.

Das VDI-Lexikon Werkstofftechnik zeigt, wie der technische Fortschritt und seine Umsetzung in die Praxis sowie die industrielle Weiterentwicklung mit dem Stand der Werkstofftechnologie verbunden sind.

VDI-Lexikon Werkstofftechnik
Hrsg. von Hubert Gräfen. 1991.
1182 Seiten, 997 Bilder, 188 Tabellen. 16,8 x 24 cm. In Leinen gebunden mit Schutzumschlag.
DM 278,—/250,20*
ISBN 3-18-400893-2

Der Inhalt

Rund 3 000 Stichwörter bzw. Stichwortartikel sind durch zahlreiche Funktionszeichnungen, Bilder und Tabellen ergänzt, die ein einfaches Verständnis der Texte gewährleisten. Bis zum letztmöglichen Augenblick wurden noch Stichworte aus Gebieten mit einer regen Forschungsaktivität ergänzt und teilweise aktualisiert. Das ausgefeilte Verweissystem sowie die Hinweise auf vertiefende Literatur geben dem Leser die Möglichkeit, seine Kenntnisse zu erweitern und zu vertiefen.

Bereits erschienene Fachlexika:

Lexikon Elektronik und Mikroelektronik

Lexikon Informatik und Kommunikationstechnik

VDI-Lexikon Bauingenieurwesen

VDI-Lexikon Meß- und Automatisierungstechnik (1992)

Folgende Fachlexika sind in Vorbereitung:

VDI-Lexikon Energietechnik (1993)

Lexikon Maschinenbau Produktion Verfahrenstechnik (1994)

Lexikon Umwelttechnik (1994)

Der Herausgeber

Prof. Dr. rer. nat. Dr.-Ing. E. h. Hubert Gräfen

Prof. Gräfen, Jahrgang 1926, studierte Chemie an der Universität Köln und TH Aachen, wo er 1954 mit dem Diplom in Technischer Chemie abschloß.
1954 bis 1970 war er Leiter der Korrosionsabteilung der Materialprüfung der BASF Ludwigshafen und promovierte 1962 am Max-Planck-Institut für Metallforschung in Stuttgart. Von 1970 bis 1988 war er als Direktor und Leiter des Ingenieurfachbereichs Werkstofftechnik der Bayer AG Leverkusen tätig.
Ab 1970 Lehrbeauftragter an der TU Hannover, Institut für Werkstofftechnik, 1972 Habilitation und 1976 Ernennung zum außerplanmäßigen Professor. Seit 1984 Wahrnehmung von Lehraufträgen an den Technischen Universitäten Clausthal und München.
Von 1974 bis 1983 war Prof. Gräfen Vorsitzender der VDI-Gesellschaft Werkstofftechnik, seit 1987 Vorsitzender des DVM (Deutscher Verband für Materialforschung und -entwicklung e.V.).
Er ist Mitglied des Kuratoriums der DECHEMA, Frankfurt/M.
1989 wurde ihm die Ehrendoktorwürde (Dr.-Ing. E. h.) durch die Fakultät für Bergbau, Hüttenwesen mit Maschinenwesen der TU Clausthal verliehen.
Prof. Gräfen ist Autor von mehr als 140 Fachaufsätzen in technisch-wissenschaftlichen Zeitschriften und von zahlreichen Kapiteln in technisch-wissenschaftlichen Büchern.

Die Autoren

70 hervorragende Fachleute aus Forschung, Lehre und Praxis haben ihr Wissen in dieses Lexikon eingebracht, sowohl in wissenschaftlich präzisen Definitionen als auch in fundierten, vertiefenden Abhandlungen.
Ein Wissensschatz, der in dieser Form vorbildlich ist.

--- **COUPON** --------------------- IW 4/92

Bitte einsenden an:
VDI-Verlag, Vertriebsleitung Bücher, Postfach 10 10 54, 4000 Düsseldorf 1 oder an Ihre Buchhandlung.

☐ Ja, ich bestelle das VDI-Lexikon Werkstofftechnik zum Preis von DM 278,—/250,20*
ISBN 3-18-400893-2
* Preis für VDI-Mitglieder, auch im Buchhandel

☐ Ja, bitte senden Sie mir den ausführlichen Prospekt für das VDI-Lexikon Werkstofftechnik

Informieren Sie mich über das:
☐ VDI-Lexikon Energietechnik
☐ Lexikon Elektronik und Mikroelektronik
☐ VDI-Lexikon Bauingenieurwesen
☐ VDI-Lexikon Umwelttechnik
☐ Lexikon Maschinenbau Produktion Verfahrenstechnik
☐ Lexikon Informatik und Kommunikationstechnik
☐ VDI-Lexikon Meß- und Automatisierungstechnik

Name _____

Vorname _____

Straße/Nr. _____

PLZ/Ort _____

Datum _____

Unterschrift _____

VDI-Mitglieds-Nr. _____

VDI VERLAG
Postfach 10 10 54, 4000 Düsseldorf 1

AKTUELLES WERKSTOFFWISSEN

VDI-Lexikon Werkstofftechnik
Hrsg. VDI-Gesellschaft
Werkstofftechnik/Hubert Gräfen
1991. IX, 1172 S., 997 Abb.,
188 Tab. 24 x 16,8 cm. Gb.
DM 278,—
ISBN 3-18-400893-2

Franz Zahradnik
Hochtemperatur-Thermoplaste
1992. Ca. 400 S. DIN A5. Br.
Ca. DM 128,—
ISBN 3-18-401158-5
Eigenschaften, chemische Aspekte sowie Herstellung und Anwendung dieser Sondergruppe von Kunststoffen, die verstärkt in Konstruktion und Industrie Einsatz finden.

Ernst Meckelburg
Korrosionsverhalten von Werkstoffen
Eine tabellarische Übersicht.
1990. X, 127 S., 5 Abb., 4 Tab.
DIN A5. Br. DM 44,—
ISBN 3-18-400937-8
Mit diesem erfahrungsbezogenen Tabellarium werden dem Praktiker erste Informationen und Daten über das Korrosionsverhalten häufig benutzter Werkstoffe und Beschichtungsmaterialien metallischer und nichtmetallischer Art vermittelt.

Werner Schatt
Sintervorgänge
1992. 275 S., 217 Abb., 7 Tab.
24 x 14,8 cm. Gb. DM 98,—
ISBN 3-18-401218-2
Das Sintern, als wichtige Teiloperation in der Pulvermetallurgie wird in diesem Werk ausführlich erläutert.

Rainer Schmidt
Werkstoffeinsatz in biologischen Systemen
In Vorbereitung.
Ca. 250 S., 400 Abb. DIN A5. Br.
DM 78,—
ISBN 3-18-401198-4

Hans-Jürgen Bargel u. a.
Werkstoffkunde
Hrsg. Hans-Jürgen Bargel/
Günter Schulze
5., neubearb. u. erw. Aufl. 1988.
XVIII, 393 S., 554 Abb., 76 Tab.
24 x 16,8 cm. Gb. DM 48,—
ISBN 3-18-400823-1

Stranggruß
Leistungsvermögen hochbeanspruchter Bauteile.
Hrsg. Winfried Dahl
1992. 161 S., 133 Abb., 7 Tab.
DIN A5. Br. DM 68,—
ISBN 3-18-401197-6
Das Werk gibt — anhand einer eingehenden Literaturauswertung — einen umfassenden Überblick zu dem Stand der Technik und über die Eigenschaften von im Strang gegossenen Bauteilen für die Antriebstechnik sowie eine Bewertung betreffs Eignung von im Strang vergossenen Material für die vorgesehenen Zwecke, wobei die Qualität von Fertigprodukten aus Block- und Stranggruß verglichen wird.

Werner Goedecke
Wörterbuch der Werkstoffprüfung
Deutsch/Englisch/Französisch
2. Aufl. 1992. 715 S. DIN A5. Gb.
DM 248,—
ISBN 3-18-401159-3
Einige Tausend einschlägige Begriffe mit den entsprechenden Übersetzungen und Registern für die jeweiligen Sprachen.

Kurt Moser
Faser-Kunststoff-Verbund
Herstellung und Berechnung von Bauteilen.
1992. 603 S., 218 Abb., 46 Tab.
DIN A5. Br. DM 168,—
ISBN 3-18-401187-9
Eine Einführung und Analyse des Faser-Kunststoff-Schichtenverbunds und seiner Ausgangsstoffe.

Fortschritte bei der Formgebung in Pulvermetallurgie und Keramik
Hrsg. Hans Kolaska
1991. Ca. 556 S., 221 Abb., 20 Tab.
DIN A5. Br. Ca. DM 188,—
ISBN 3-18-4011220-4
Vorträge zur gleichnamigen Tagung des Fachverbandes Pulvermetallurgie vom 28./29. November 1991 in Hagen sowie entsprechender Produktpräsentationen zahlreicher Hersteller.